Khalil Habachi

Conception et Réalisation d'un séchoir solaire

Khalil Habachi

Conception et Réalisation d'un séchoir solaire

Étude de la Cinétique et de la qualité du séchage des Cladodes de Nopal

Éditions universitaires européennes

Impressum / Mentions légales
Bibliografische Information der Deutschen Nationalbibliothek: Die Deutsche Nationalbibliothek verzeichnet diese Publikation in der Deutschen Nationalbibliografie; detaillierte bibliografische Daten sind im Internet über http://dnb.d-nb.de abrufbar.
Alle in diesem Buch genannten Marken und Produktnamen unterliegen warenzeichen-, marken- oder patentrechtlichem Schutz bzw. sind Warenzeichen oder eingetragene Warenzeichen der jeweiligen Inhaber. Die Wiedergabe von Marken, Produktnamen, Gebrauchsnamen, Handelsnamen, Warenbezeichnungen u.s.w. in diesem Werk berechtigt auch ohne besondere Kennzeichnung nicht zu der Annahme, dass solche Namen im Sinne der Warenzeichen- und Markenschutzgesetzgebung als frei zu betrachten wären und daher von jedermann benutzt werden dürften.

Information bibliographique publiée par la Deutsche Nationalbibliothek: La Deutsche Nationalbibliothek inscrit cette publication à la Deutsche Nationalbibliografie; des données bibliographiques détaillées sont disponibles sur internet à l'adresse http://dnb.d-nb.de.
Toutes marques et noms de produits mentionnés dans ce livre demeurent sous la protection des marques, des marques déposées et des brevets, et sont des marques ou des marques déposées de leurs détenteurs respectifs. L'utilisation des marques, noms de produits, noms communs, noms commerciaux, descriptions de produits, etc, même sans qu'ils soient mentionnés de façon particulière dans ce livre ne signifie en aucune façon que ces noms peuvent être utilisés sans restriction à l'égard de la législation pour la protection des marques et des marques déposées et pourraient donc être utilisés par quiconque.

Coverbild / Photo de couverture: www.ingimage.com

Verlag / Editeur:
Éditions universitaires européennes
ist ein Imprint der / est une marque déposée de
OmniScriptum GmbH & Co. KG
Heinrich-Böcking-Str. 6-8, 66121 Saarbrücken, Deutschland / Allemagne
Email: info@editions-ue.com

Herstellung: siehe letzte Seite /
Impression: voir la dernière page
ISBN: 978-3-8417-4743-3

Dédicaces

Je dédie ce travail à mes parents, mes frères, et mes amis.

Et à une plante Magique : un don de Dieu.

Remerciements

Avant tout je remercie Dieu qui m'a aidé à réaliser ce travail.

Je ne saurais exprimer ma pleine gratitude à ma chère famille qui m'a beaucoup soutenu tout au long de ce projet.

J'adresse mes sincères remerciements au Docteur Lamia AYAD et au Professeur Moktar HAMDI pour tous leurs efforts, leurs disponibilités et l'appui scientifique qu'ils m'ont procuré. Qu'ils trouvent ici l'expression de mon respect et de ma reconnaissance.

J'exprime de même ma reconnaissance et mes remerciements les plus sincères au Docteur Sofiène AZOUZ et à Monsieur Abderazek ZAARAOUI du laboratoire d'énergétiques et transferts thermiques et massiques pour l'aide qu'ils m'ont procuré durant ce projet.

Je voudrais remercier vivement les membres de l'équipe de recherche du laboratoire des procédés thermiques du centre de recherches et des technologies de l'énergie pour le support qu'ils m'ont fourni.

Table des Matières

Liste des Figures

Liste des Tableaux

Introduction Générale

En Tunisie, le figuier de barbarie est cultivé sur une surface de plus de 600 000 ha dont le 1/5 de la culture se trouve à Zelfène dans la région de Kasserine **(Nefzaoui et Ben salem, 2002)**. Malgré cette culture poussée, l'utilisation industrielle de cette plante en Tunisie reste encore très limitée comparé aux pays de l'Amérique du sud comme le Mexique, le Pérou et le Chili où les rendements de production du Nopal sont aux environs de 50 (tonnes) de matières sèches par hectare. Ceci fait du cactus l'espèce la plus productive des zones arides dont les raquettes peuvent constituer un produit ayant une importante valeur ajoutée. En effet, elles sont très utilisées comme aliment pour bétails durant les périodes de transition en été et en automne et lors des années de sécheresse **(Nefzaoui et Ben salem, 2002)**. Elles sont aussi utilisées pour l'alimentation humaine et sont connues pour être un excellent nutriment qui abaisse le taux de mauvais cholestérol dans le sang et qui possède des propriétés hypoglycémiantes **(Schweizer, 1997)**. Les jeunes raquettes peuvent aussi être valorisées par extraction de leur mucilage qui sert dans l'industrie alimentaire comme épaississant et dans l'industrie cosmétique pour la fabrication des shampoings, des assouplissants pour cheveux, des crèmes dermiques et laits hydratants. Cependant, elles restent des produits facilement périssables à cause de leur riche composition en sucres et en eau. Pour remédier à cette contrainte plusieurs techniques ont été mises au point afin d'améliorer leur conservation dont le séchage.

En effet, le séchage est la plus ancienne des opérations de stabilisation des denrées alimentaires. Il permet de convertir des produits périssables en aliments stables par abaissement de leur activité de l'eau (a_w) **(Bonazzi et Bimbenet, 2008)**. Cependant, cette technique reste une opération qui consomme beaucoup d'énergie et dont le coût est de plus en plus élevé. Par conséquent il est devenu nécessaire de concevoir des séchoirs industriels qui utilisent une énergie renouvelable comme l'énergie solaire. L'énergie solaire est à la base de la majeure partie des formes d'énergies renouvelables disponibles. En Tunisie, la moyenne mensuelle du rayonnement globale varie de 2 Kwh/m²/J pendant le mois le moins ensoleillé de l'hiver à 8 Kwh/m²/J pendant le mois le plus ensoleillé de l'été **(Benalaya et al, 2001)**. L'utilisation de ce gisement solaire serait alors une opportunité pour développer des concepts de séchoirs solaires dont le coût d'investissement sera limité et qui peuvent permettre l'obtention de produits de bonnes qualités. En outre, ce type de procédé peut altérer la qualité du produit fini s'il n'est pas bien maîtrisé.

L'objectif de ce travail est d'essayer d'optimiser l'opération de séchage des cladodes de figue de barbarie et d'étudier l'effet de cette technique sur la qualité du produit déshydraté. D'abord une étude des effets de l'opération de prétraitement tels que les effets de l'épluchage, de l'épaisseur de coupe, de la durée du blanchiment, de la concentration en sulfite de sodium et de la température de conservation sur la cinétique de séchage et sur le comportement des cladodes durant la déshydratation a été réalisée. Ensuite, une étude sur les propriétés hydriques des cladodes prétraitées a été effectuée. Puis, une étude des effets des propriétés de l'air de séchage (Température, vitesse de l'air, humidité relative de l'air) sur la vitesse de séchage, la couleur, la capacité de réhydratation et la qualité microbiologiques des cladodes d'*opuntia ficus indica* a été effectuée. Enfin, la conception et la réalisation d'un séchoir solaire monobloc a été faite pour l'étude de la cinétique de séchage solaire des cladodes de figue de barbarie.

CHAPITRE I :

Etude Bibliographique

I.   <u>Les Cladodes d'Opuntia Ficus Indica</u>

L'*Opuntia ficus indica* ou couramment appelé le figuier de barbarie est une plante originaire des régions arides et semi-arides du Mexique, elle a été introduite en Afrique du nord vers le 16eme siècle **(Habibi, 2004)**. A l'exception des zones sahariennes et montagneuses, le figuier de barbarie est largement représenté dans le paysage rural du grand Maghreb. C'est une plante robuste qui présente une grande adaptation pour les climats aride et peut croître dans des conditions de stress hydraulique. En Tunisie, le figuier de barbarie est cultivé sur une surface de plus de 600 000 ha dont plus de 1/5 de cette superficie se trouve dans le gouvernorat de Kasserine plus précisément dans la région de Zelfène **(Nefzaoui et Ben salem, 2002)**.

1-Composition des raquettes de Figuier de barbarie

Le Figuier de barbarie est organisé sous forme de raquettes aplaties de couleur vert mat qui peut parfois atteindre les 5 m de hauteur. Ces raquettes aussi nommées cladodes sont des tiges modifiées de 30 à 40 cm de long sur 15 à 25 cm de largeur et de 1,5 à 3 cm d'épaisseur. Selon la variété de la plante les cladodes peuvent être soit inermes ou recouvertes de petites aréoles d'épines et de glochides blancs.

La composition des cladodes d'*Opuntia ficus indica* varie en fonction de leurs âges. En effet, il a été noté que les raquettes de figuier de barbarie passent par 5 stades de croissances distincts selon leurs poids et dimensions. Le **tableau 1** résume les caractéristiques de chaque phase de croissance.

Tableau 1 : Caractéristiques des échantillons des cladodes du figuier de barbarie variété inerme (**Hadj Sadok et al, 2008**).

Stade de croissance	Longueur (cm)	Largeur (cm)	Poids (g)
1	12,5	6,47	34,67
2	15	8,10	60,23
3	20,19	9,28	105
4	24,5	11,83	173
5	30	13,65	342

Les jeunes cladodes dont l'âge est inférieur à un an possèdent une composition et des propriétés nutritionnelles très similaires à celles de quelques légumes comme l'épinard et la laitue (**Tableau 2**). En effet, leur teneur moyenne en eau est de 93 % ce qui est très proche de celui des tomates. Les raquettes de figuier se distinguent par une teneur élevée en fibre de l'ordre de 11 g/ 100 g de matière sèche, ce qui reste plus élevé que l'apport de plusieurs légumes. Ces fibres sont constituées essentiellement de cellulose et elles sont capables de retenir jusqu'à 15 fois leur poids en lipides ce qui leur confère un pouvoir amaigrissant.

La cladode fournit un bon apport en vitamine C qui peut atteindre les 15 mg /100 g de matière fraiche soit plus de 30 % de l'apport journalier pour le corps humain. Elle renferme également une composition en sucres totaux qui augmente en fonction du stade de croissance, passant de 1,65 % à 8,8 % par matière sèche. Ces valeurs indiquent une valeur énergétique non négligeable des cladodes.

L'analyse de la composition minérale met en évidence la prédominance du calcium qui varie de 5 à 6,13 % pour les stades 1 et 3 pour atteindre les 7,27 % pour les cladodes dont le poids est supérieure ou égal à 170 g. Aussi, elles sont riches en magnésium et en potassium ce qui leur permet de couvrir 45 % et 10 % des besoins de l'homme respectivement. Il faut noter que cette teneur en minéraux est plus élevée que celle trouvée chez les feuilles d'épinards et celle des carottes (Tirilly et Bourgeois, 1995).

Les cladodes présentent un bon apport en constituants bioactifs comme les polyphénols qui sont connus pour leur pouvoir antioxydant. La teneur en polyphénols varie de 30 à 40 mg pour 100 g de cladodes fraîches, mais elle reste inférieure à celle du fruit de la même plante. Un autre composant bioactif qui est la chlorophylle dont les dérivés sont connus pour leur rôle anticancéreux, est présent par une teneur qui varie de 0,34 à 0,47 mg /100 de produit frais.

Enfin, la teneur en azote reste faible au niveau des jeunes cladodes comme il est le cas dans la plus-part des fruits et légumes. Elle varie de 2,4 % à 3,69 % par rapport à la matière sèche. La composition en acides aminées des cladodes et très similaire à celle de la majeur partie des légumes avec une prédominance pour l'acide aspartique et l'acide glutamique. Cette composition en matière azotée est variable en fonction de la maturité des cladodes et de la nature du sol selon Nefzaoui et Ben salem (2002).

Tableau 2: Composition des cladodes d'opuntia ficus indica variété inerme (Hadj Sadok et al, 2008).

	Stades de Croissance				
Constituants	1	2	3	4	5
Teneur en Eau (% PF)	92,37	93,46	93,61	94,02	94,44
Minérales (% Ms)	12	13,81	13,84	13,99	15,49
Fibres (% MS)	8,84	9,15	9,73	10,95	11,62

Sucres Totaux (%MS)	1,65	4,91	5,79	7,52	8,79
Matière azotée (%MS)	2,4	2,36	2,51	3,67	3,69
Acidité titrable (%)	0,21	0,25	0,33	0,42	0,52

-Partie II du tableau 2 - Ms : matière sèche, PF: produit frais

2-Propriétés Thérapeutiques des Cladodes d'*opuntia*

Dans plusieurs pays comme l'Australie, le Mexique ou l'Afrique du sud les raquettes de Nopal sont utilisées pour leurs propriétés thérapeutiques comme leur utilisation pour le traitement du diabète non insulinodépendant ou des problèmes gastro-intestinales.

2.1- Traitement du Diabètes :

Des études cliniques portant sur l'emploi des raquettes dans le traitement du diabète non dépendant de l'insuline ont été réalisées entre 1983 et 1992 par une équipe de recherche mexicaine (**Frati et Gordillo, 1998**) qui a démontré que les raquettes d'*opuntia* permettent de réduire le taux de glucose sanguin chez des patients souffrants d'obésité. Il semble que les raquettes agissent principalement sur le taux de glucose dans le sang par intermédiaire de ses fibres qui diminuent son absorption.

2.2-Réduction des taux de lipides sanguins :

Plusieurs études ont été menées sur des patients souffrants d'hypercholestérolémie, qui ont montré que la consommation d'extraits de

15

raquettes pendant une durée de 4 à 8 semaines permet de réduire le taux du cholestérol LDL sans toutefois affecter le taux du cholestérol HDL (**Wolfram et Budinsky, 2003**). Des études plus récentes en 2007 (**Hadad, 2011**), ont montré que la consommation de 1,6 g par repas pendant 6 semaines permet de traiter les symptômes du syndrome métabolique chez certaines personnes.

2.3-Prévention des ulcères :

Les effets bénéfiques des raquettes sur le système digestif pourraient s'expliquer en partie par leur forte teneur en mucilage. D'autres études menées sur des animaux ont prouvé que les cladodes possèdent une action antiulcéreuse et anti-inflammatoire grâce à leur effet antioxydant (**Galati, 2002**).

3- Applications en Industrie agroalimentaire des cladodes d'*opuntia*

3.1- Production Fourragère :

L'utilisation des Cladodes de figuier de barbarie comme fourrage présente de nombreux avantages car c'est un produit largement répondu, qui se développe très rapidement et qui peut supporter des longues périodes de sécheresse. En effet, la production de matière sèche d'*Opuntia* varie entre 12 et 16 tonnes/ha et peut atteindre les 30 tonnes /ha pour les terrains irrigués (**Habibi, 2004**). Ce qui fait du cactus l'espèce la plus productive des zones arides avec plus de 1,3 kg/m^2/an. Ces caractéristiques en font un fourrage important dans l'intégration de l'alimentation animale. La riche teneur en eau des raquettes en font un aliment facilement digestible et leur passage rapide dans l'intestin laisse la possibilité aux animaux d'ingérer plus de nourriture et donc facilite la prise de masse (**Tien et al, 1993**). En effet, une étude élaboré par **Tien et al. (1993)** a montré qu'un régime des moutons enrichi avec des raquettes permet d'augmenter leur poids corporel d'environs 145g/jour et que dans un élevage de chèvres alimentées avec du foin de luzerne et des cladodes a permis d'améliorer la production journalière de lait. Il est important de noter que les raquettes de figuier de barbarie ne constituent pas un aliment complet à cause de leur faible teneur en matière azotée et en matière grasse mais néanmoins elles restent une source importante d'énergie jusqu'à 4000 Kcal/kg et un apport significatif en eau. C'est pour ces raisons qu'elles sont en général associées à d'autres fourrage en mesure de compenser leur carences .Le **tableau 3** compare la composition des cladodes avec d'autres types de fourrages.

Tableau 3: Composition des Cladodes d'*Opuntia* avec d'autres fourrages **(Habibi, 2004).**

Nature du fourrage	Matière sèche (%)	Matière azotée (%)	Hydrate de Carbone	Matière grasse (%)
Foin de Luzerne	91,4	10,6	39	0,9
Atriplex	23,3	2,8	5,9	0,1
Maïs ensilé	26,3	1,1	15	0,7
Pulpe de betterave	9,4	0,2	6,4	0,1
Cladodes d'*opuntia*	10,4	0 ,6	5,8	0,1

3.2-Alimentation Humaine :

Les jeunes cladodes d'*opuntia* aussi appelées 'nopalitos' sont consommées comme légumes au Mexique et au sud des Etats-Unis. Elles sont très utilisées pour la préparation de plats quotidiens comme la soupe de cladodes ou les pâtes de nopals .En effet, à cause de la richesse en eau, en vitamine C et en minéraux,

17

les raquettes d'opuntia se présentent comme un aliment d'une valeur nutritionnelle équivalente à celle de la laitue ou de l'épinard. Actuellement les 'nopalitos' sont valorisés par déshydratation ce qui donne naissance à des ingrédients de textures et de goûts très appréciés pour la formulation de nouveaux produits agroalimentaires. Ces méthodes de valorisations ont permis à des cultivateurs mexicains de multiplier leurs prix de vente par cinq **(Ousaid et Assari, 2011)**.

3.3-Utilisation de la farine de raquettes :

Actuellement, il existe plusieurs procédures pour la production de farine de raquettes de figue de barbarie de la variété inerme ou épineuse. La procédure la plus simple consiste à déshydrater la matière première à une température moyenne de 60 °C puis à broyer le produit séché. D'autres méthodes plus compliquées visent seulement à extraire et purifier le mucilage qui compose cette farine comme la procédure utilisée par **McGarive (1979)** qui consiste à broyer les cladodes en présence d'eau puis de les centrifugés et de les décanter dans une solution d'acétone. Le précipité obtenu est ensuite lavé par une solution de 2- propanol avant d'être déshydraté. Cette poudre de raquettes d'*opuntia* est composée essentiellement de fibres. Selon une étude établie par **Ayadi et al. (2009)** sur l'analyse de la farine de cladodes tunisienne de la région de Sfax. Les fibres totales sont de l'ordre de 42% pour 100 g de matière sèche avec un ratio de 1/3 pour les fibres solubles par rapport aux fibres insolubles. Cette composition donne à la farine d'*opuntia* des propriétés technico-fonctionnelles très intéressantes tels que sa capacité de rétention d'eau et d'adsorption des lipides. Ces caractéristiques en font un ingrédient potentiel pour la formulation de quelques denrées alimentaire tel que le 'Cake'.

D'autres applications de cette poudre sont actuellement explorées comme son utilisation comme épaississant pour la formulation de confiture et de jus de fruits ce qui donne des produits stables, et de bonnes qualités organoleptiques.

3.4-La production de boissons alcoolisées :

Une autre alternative dans l'utilisation des cladodes de figues de barbarie est la préparation de boissons alcoolisées. En effet, dans le Mexique les raquettes d'*opuntia* sont utilisées pour la fabrication du 'Tequila Mixtos'. D'autres travaux ont étudié la possibilité d'améliorer la fermentation alcoolique des cladodes par application d'un traitement enzymatique. **Olukyode (2012)** a traité le jus de cladodes par de la cellulase à plusieurs concentration et à différents températures puis il a fermenté l'hydrolysat par *saccharomyces cerivisae*. La boisson obtenue avait une flaveur fruité et un dégrée alcoolique faible. **Rental et al (1987)**, ont fermenté à la fois le broyat de figues de barbarie et celui des raquettes et ils ont obtenu une bonne conversion des sucres totaux par les ferments.

II.   Le Séchage dans l'industrie alimentaire
1-Définition du Séchage

Le séchage est l'opération unitaire qui consiste à éliminer par évaporation un liquide imprégnant un produit humide (**Charreau et Cavaille, 1991**). Le terme déshydratation à un sens plus restrictif : il ne concerne que l'élimination de l'eau dans un solide ou un liquide pour aboutir à un produit solide. En industrie alimentaire, l'objectif de sécher un produit est d'abaisser sa teneur en eau afin de le stabiliser (**Bonazzi et Bimbenet, 2008**). Le séchage peut être aussi, décrit comme un transfert de matière couplé à un transfert de chaleur. La vaporisation de l'eau nécessite un apport énergétique d'une source extérieure qui va provoquer la migration de l'eau vers le milieu ambiant (**Charreau et Cavaille, 1991**).L'opération de séchage est influencé par plusieurs paramètres tels que les conditions environnantes (la température du séchoir, l'humidité relative et la vitesse du gaz au contact du produit) mais aussi la nature même du produit et de l'eau (**Charreau et Cavaille, 1991**).

Deux mécanismes peuvent être mis en œuvre pour évaporer l'eau d'un produit et sont l'ébullition ou l'entrainement (**Charreau et Cavaille, 1991**).

- Pour le séchage par ébullition, la pression de vapeur du solvant est égale à la pression régnant dans le séchoir. La température d'ébullition sera donc dépendante de la pression totale de l'enceinte, et elle est plus basse sous vide qu'a pression atmosphérique.

- Pour le séchage par entrainement, le produit à sécher sera mis en contact avec un gaz en mouvement, de manière à ce que la température du gaz soit supérieure à celle du produit.

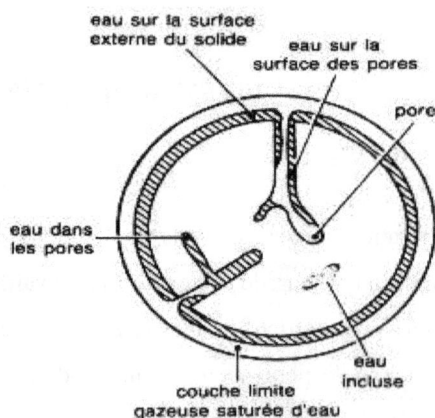

Figure 1 : Représentation schématique d'un solide humide (**Charreau et Cavaille, 1991**).

2- Modes de transfert de chaleur

Pour la vaporisation d'un solvant dans un produit à sécher il est nécessaire dans la plus part des cas de faire appel à une source d'énergie extérieure. Le séchage fait appel aux trois modes de transfert thermique : la conduction, la convection et le rayonnement, ceux-ci sont utilisés seuls ou d'une manière combinée **(Charpentier, 1996).**

2.1- Séchage par Conduction

Dans ce cas l'énergie thermique utile au séchage est ramenée par contact direct entre le produit et une paroi chauffée. La vapeur libérée par le séchage est soit aspirée (séchage par ébullition) ; soit balayée par un gaz dont le débit reste faible en comparaison avec l'apport énergétique convectif **(Boussalia, 2010).** Dans ce cas la quantité de chaleur transférée est donnée par la relation suivante :

$$Q = 1/e \ \lambda \ (Ta\text{-}T) \ A$$

e : Epaisseur du produit (m)

λ : Conductivité thermique de la pellicule du produit (W/.mK)

(Ta-T) : Gradient de température entre la paroi chauffé et le produit.

Q : Quantité de chaleur transférée par unité de temps (W)

A : Surface d'échange (m^2)

2.2-Séchage par Convection

Il s'agit probablement du mode de transfert d'énergie thermique le plus appliqué en industrie. Il consiste à mettre en contact un corps à sécher avec un gaz chaud qui s'écoule en régime turbulent. En mode convectif, la chaleur est directement apportée par le fluide caloporteur. Le temps de séchage peut être réduit en renforçant le mouvement du fluide par une ventilation ou un soufflage. Le débit du gaz chaud est limité par la thermo -sensibilité du produit (**Mafrat, 1991**). Ce type de transfert obéit à l'équation suivante : **Q = α.A. (T$_a$-T$_s$)**

(T$_a$-T$_s$) : Ecart entre la température du fluide caloporteur et la température superficielle du produit - (α) : Coefficient d'échange par convection (W/m^2.K).

2.3-<u>Séchage par rayonnement</u>

L'énergie dans ce mode de séchage est apportée au produit par des ondes électromagnétiques qui sont générées soit par des dispositifs électroniques soit par l'élévation de la température par un émetteur infrarouge (**Boussalia, 2010**). Suivant la fréquence des radiations émises, on distingue les infrarouges (longueur d'onde de 0,4 à 10 μm) et les radiofréquences (dont la fréquence est comprise entre 3 MHz et 300 GHz) .La quantité de chaleur transmise par unité de temps est donnée par la relation suivante (**Boussalia, 2010**) :

$$\mathbf{Q = A1.\,C.\left[\left(\frac{T1}{100}\right) - \left(\frac{T2}{100}\right)\right].\varnothing}$$

$$C = \cfrac{1}{\cfrac{1}{\varepsilon 1} + \cfrac{A1}{A2}.(\cfrac{1}{\varepsilon 2} - 1)}$$

T1 : Température de la surface émettrice (K)

T2 : Température du produit (K)

A1 : Surface du produit (m^2)

A2 : Surface de l'émetteur (m^2)

ε1 : Emissivité du produit

ε2 : Emissivité de l'emetteur

Ø : Facteur qui prend en compte la position relative du corps par rapport à l'émetteur.

3-Classification des séchoirs en Industrie Agroalimentaire

Il existe une très grande diversité de types de séchoirs, presque aussi grande que celle des produits à sécher. Les séchoirs utilisés dans l'industrie agroalimentaire peuvent être classés selon divers critères **(Bonazzi et Bimbenet, 2008)** tels que :

- La gamme de température.

- Le mode d'apport de chaleur.

- Les propriétés physiques du produit à sécher.

- Le mode de répartition du produit au sein du séchoir (voir **Tableau 4**)

Tableau 4: Caractéristiques techniques et applications des principaux séchoirs **(Bonazzi et Bimbenet, 2008).**

Type de séchoir	Température de Fonction (°C)	Temps de séjour	Capacité de traitement (kg .h^{-1}.m^3 de séchoir)	Applications
Etuve	70 -80	30 minutes à qq* jours	Très variable	Fruits, légumes, viande et poisson
Tapis	30-25 (avec un cycle de refroidissement)	qq secondes à qq heures.	1 à 50	Fruit, légume, plantes aromatique médicinales, gélatine, biscuits

Tambour rotatif	60-90	10 à 60 minutes	60 à 90	Pulpe de betterave, fibre de maïs, pâtes alimentaires
Séchoir Pneumatique	Entré : 100-350 Sortie : 70-120 (en combinaison avec lit fluidisé)	1 seconde	5 à 100	Poudre d'amidon, farine, protéines, pulpe de betterave
Lit fluidisé	50 à 200	2 à 6 minutes	3 à 200	Levures, caséines,
Séchoir par pulvérisation	Entré : 100 à 600 Sortie 60 à 200 (en combinaison avec Lit fluidisé)	10 à 30 secondes	1 à 30	Lait, lactosérum, café, thé, levures, Jus de fruits
Cylindre chauffant	100 à 180	3 à 30 secondes	15 à 40	Flocons de pommes de terre, farine infantile, soupe instantané.
Silo vertical	30 à 90	6 heures à 4 jours	500 à 15000	Maïs, blé tendre, riz, orge
Lyophilisateur	Produit froid : -10 à 40 Pour des pressions 10 à 300 Pa	10 à 72 heures	0,1 à 0,5	Champignon, oignons, herbes aromatique, café

Partie II du tableau 4- qq* : quelques

3.1-Silo vertical :

L'appareil utilisé est sous forme d'un silo vertical. Il contient plusieurs trappes qui vont s'ouvrir et se fermer selon un intervalle de temps régulier ce qui permet de régler le débit de grains à sécher. Le produit est introduit en haut du séchoir et va être séparé selon la gravité. La zone de séchage va irriguer la couche de grain en air chaud. Le séchage est suivi par un refroidissement du produit par introduction d'air froid. Cette appareil est utilisé pour le séchage du maïs et entraine une réduction de son humidité relative de 35 % à 15 % **(AESS, 2008).**

3.2- Etuve de séchage :

L'opération de séchage comprend deux étapes. La première consiste au chargement et au séchage du produit dans une enceinte close qui peut contenir plusieurs claies. L'énergie nécessaire pour le chauffage est apportée par circulation d'air chaud. La seconde étape est la recirculation d'air et la déshumidification .En effet, l'air humide va être aspiré hors de la chambre et ramené au travers de condenseurs, pour y être renvoyé au sein de la chambre de séchage par ventilation forcée. L'étuve de séchage est utilisée pour la déshydratation des fruits et légumes. Cette technique de séchage permet de réduire l'humidité relative de 80 % à 20 % en moyenne **(AESS, 2008).**

3.3-Tambour rotatif :

La machine est constituée d'un cylindre tournant lentement autour d'un axe légèrement incliné par rapport à l'horizontal .La séparation entre produits secs et produits humides se fait par phénomène gravitationnel. Le tambour rotatif est utilisé pour le séchage des pâtes alimentaires et permet d'abaisser leurs humidités relatives de 26,5 % à 12,5 % **(AESS, 2008).**

Figure 2: Cylindre rotatif **(AESS, 2008).**

3.4-<u>Lit fluidisé</u> :

Cette technique est une conjonction entre deux modes qui sont la fluidisation est le séchage. En effet, le produit est soumis à un courant de fluide chaud qui va le traverser de bas en haut. Ce courant est envoyé à une vitesse qui va produire une désagrégation du produit et causer une sustentation de ses particules par un phénomène aérodynamique. Le but de cette fluidisation est d'augmenter la surface d'échange gaz-solide et donc faciliter le séchage. Cette méthode de séchage est appliquée pour les produits ayant au départ une consistance solide

.

Figure 3: Séchoir à lit fluidisé **(AESS, 2008).**

3.5- Atomiseur – sécheurs par pulvérisation :

Dans cette méthode le séchage comprend trois étapes. La première opération consiste à la pulvérisation du produit. Cette étape va déterminer la taille des gouttelettes à sécher, leur vitesse de projection, leur trajectoire et par conséquent les dimensions finales des particules à sécher. Le liquide peut être pulvérisé soit par atomisation centrifuge (buse à simple fluide) ou une buse à double fluide. Ensuite, les particules formées tombent dans un courant d'air chaud et vont sécher jusqu'à obtenir des grains de poudres secs. La dernière étape consiste à récupérer le produit qui se fait à l'aide de cyclones, et à recycler l'air de séchage. L'atomiseur est utilisé pour le séchage du lait en abaissant son humidité relative de 52% à 3 %.

Buse
La buse à double fluide disperse le liquide en fines gouttelettes qui sont séchées dans la chambre de séchage pour former des particules solides.

Figure 4: Pulvérisateur : buse à double fluide **(AESS, 2008).**

3.6- Lyophilisateur :

Le procédé de séchage combine l'action du froid et du vide en provoquant par sublimation le passage des cristaux de glace en vapeur directement, et sans transition par l'état liquide. Ces appareils permettent d'obtenir des produits de très bonnes qualités organoleptiques en préservant la qualité biologique. Le lyophilisateur est utilisé pour le séchage des produits sensibles à la chaleur tel que les champignons dont l'humidité relative finale peut atteindre les 5 % (**AESS, 2008**).

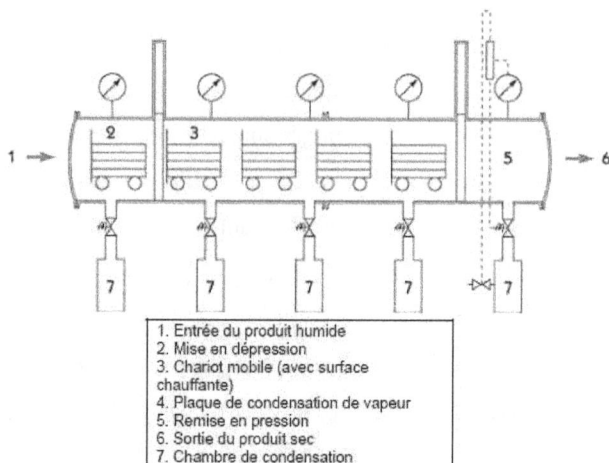

Figure 5 : Fonctionnement d'un Lyophilisateur (**AESS, 2008**)

III. Le Séchage Solaire des denrées alimentaires

1-Définition du séchage solaire

Le séchage solaire est probablement l'une des plus anciennes techniques de conservation des denrées alimentaires. Elle consiste à réduire la teneur en eau d'un aliment en utilisant comme source d'énergie le rayonnement solaire. L'abaissement de l'humidité va empêcher la croissance des micro-organismes qui peuvent causer l'altération de l'aliment. Aussi, le séchage permet de réduire considérablement le poids et le volume du produit ce qui réduit les coûts de transport et de stockage.

De nos jours, le séchage direct au soleil est encore la méthode la plus utilisée dans les pays tropicaux à cause des conditions climatiques et des faibles températures de séchage. En effet, des températures de 15 à 20 °C au-dessus de la température ambiante sont suffisantes pour assurer le séchage désiré .Cependant l'environnement extérieur (poussière, pluie, insectes, vent …) est capable de détériorer la qualité du produit au point même de le rendre non comestible. C'est dans le but d'améliorer la qualité marchande des produits séchés que plusieurs types de séchoirs solaires ont étés conçus. Ces nouveaux concepts sont plus sophistiqués et permettent parfois l'utilisation combinée d'autres formes d'énergie.

2-Classification des séchoirs solaires

En industrie alimentaire, il existe plusieurs catégories de séchoirs solaires qui ont été développées. Il existe plusieurs manières pour classer les séchoirs solaires soit suivant le principe sur lequel repose le séchage (ébullition ou entrainement) soit selon la texture du produit fini **(Mennouche, 2006)**.

Les séchoirs peuvent être également classés selon la façon dont le rayonnement solaire est utilisé : séchoirs solaires directs, séchoirs solaires indirects et séchoirs hybrides **(Communay, 2002)**.

2.1- Séchoirs solaires directs :

Par définition, les rayons solaires frappent directement le produit. Il se compose généralement d'une seule pièce qui joue à la fois le rôle de collecteur solaire et de chambre de séchage. La circulation d'air se fait à travers l'appareil par tirage naturel dû au réchauffement (effet de cheminée) mais rarement à l'aide d'un ventilateur. Plusieurs matériaux peuvent être utilisés pour la construction de ces séchoirs comme le plastique, le bois ou le verre. Le fond de la boîte est généralement peint en noire pour augmenter la capacité d'absorption de la chaleur.

- Le séchoir ''Tente'' :

Il est caractérisé d'une surface de 7 m^2, les produits sont placés sur des claies surélevées du sol (**Dudez, 1999**). Il est construit sous forme de tente par une toile en plastique qui permet de capter l'énergie solaire. Il est caractérisé par une bonne protection contre les insectes et il est facilement démontable en période de pluie. Cependant son coût reste assez élevé et nécessite une surface importante en polyéthylène et reste fragile vis-à-vis du vent (**Mennouche, 2006**).

Figure 6: Séchoir solaire 'Tente' (Chalal, 2007)

- Le séchoir ''coquillage'' :

Il est un séchoir solaire direct à convection naturelle. Ce type de séchoir est composé de deux cônes métalliques reliés par une charnière. Il est construit en général par de la tôle galvanisée qui est peinte en noire ce qui va assurer une bonne captation des rayons solaires. Le concept est perforé dans la tôle inférieure et supérieure ce qui permet une bonne circulation d'air (**Ferradji et al, 2011**).

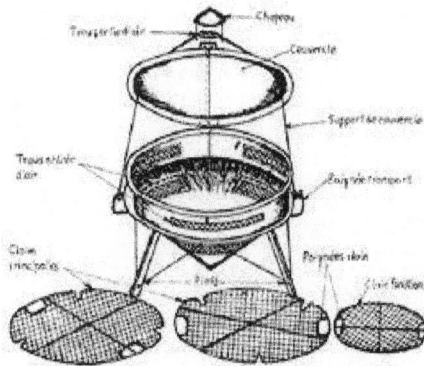

Figure 7: Séchoir solaire 'Coquillage' **(Ferradji et al, 2011).**

2.2- <u>Séchoirs solaires Indirects</u> :

Dans ce cas le produit n'est pas exposé directement au soleil. Il est disposé sur des tamis à l'intérieur d'une enceinte fermée. Le séchoir est composé de plusieurs sous-unités : un collecteur solaire qui permet de convertir les rayons solaires en énergie thermique, une chambre de séchage qui contient le produit et une cheminée qui permet la circulation de l'air .L'air neuf est admis dans l'enceinte après passage dans un capteur thermique à air qui va le réchauffer en fonction du débit souhaité **(Chalal, 2007).**

- Le séchoir armoire :

Il est probablement le type de séchoir le plus communément utilisé pour le séchage des fruits et légumes. Il est composé d'un collecteur solaire recouvert d'une plaque translucide en plastique ou en verre et dont l'intérieur est noirci. Le capteur solaire conduit l'air directement dans l'enceinte de séchage qui contient plusieurs claies superposées (Chalal, 2007).

31

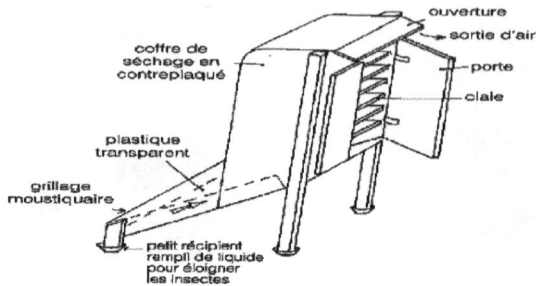

Figure 8: Séchoir solaire armoire (Communay, 2002).

2.3- <u>Séchoir solaires Hybrides</u>:

Le séchoir hybride comme son nom l'indique utilise une source d'énergie d'appoint comme le fuel, le gaz ou l'électricité. Cet apport énergétique peut avoir deux grands objectifs qui sont soit l'alimentation des ventilateurs qui font circuler l'air de séchage dans le séchoir soit elle va permettre de maintenir la température constante dans l'enceinte de séchage. Dans le premier cas l'énergie solaire reste essentiellement la source de chaleur, et cela permet d'améliorer le pouvoir évaporatoire du séchoir grâce à une meilleure ventilation. Alors que dans le second cas l'énergie solaire devient une source secondaire qui permet seulement de préchauffer l'air de séchage.

• Séchoir hybride solaire – gaz :

Cet appareil utilise l'énergie fournit par la combustion de gaz naturel comme source d'appoint. Dans ce cas le capteur solaire permet de préchauffer l'air. Si la température de l'enceinte n'est pas suffisante le brûleur à gaz se déclenche automatiquement pour obtenir la température désirée ce qui permet de sécher les produits à n'importe quelle condition climatique. Ces séchoirs permettent de traiter des quantités importantes de produits d'une manière rapide et uniforme. Cependant, le coût d'investissement reste important **(Mennouche, 2006).**

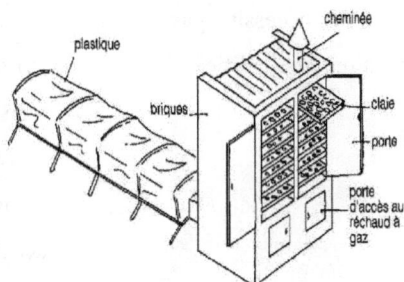

Figure 9: Séchoir Tunnel Hybride : Solaire-gaz **(Mennouche, 2006).**

- Séchoir hybride à convection forcée :

Le toit du séchoir sert de capteur solaire. L'air est aspiré à l'intérieur de l'enceinte par un ventilateur alimenté par électricité. Ce genre de séchoir permet un séchage très rapide et uniforme des fruits et légumes. Cependant, il doit être utilisé pour la déshydratation de grandes quantités de produits pour être rentable **(Mennouche ,2006).**

Le **tableau 5** résume les avantages et les inconvénients des différentes catégories de séchoirs solaires.

Tableau 5: Avantages et inconvénients des différents types de séchoirs solaires **(Dudez, 1999).**

Type de Séchoirs	Avantages	Inconvénients
Séchoirs solaires directs	- Une meilleure protection contre la poussière, les insectes et la pluie par rapport au séchage traditionnel. - Grande possibilité de conception. - Coût relativement faible	- Faible productivité 5 à 10 kg de produit frais par $m^{2.}$ - Fragilité du polyéthylène qu'il faut changer régulièrement. - Faible circulation d'air limite la cinétique

	- Ne nécessite pas de main d'œuvre qualifiée.	de séchage et augmente le risque d'apparition de moisissures. - Dégradation de la vitamine A et C et décoloration du produit.
Séchoirs solaires indirects	- Le produit n'est pas directement exposé au soleil, ce qui permet de conserver la couleur et les vitamines. - Leurs fonctions ne nécessitent pas d'énergie électrique. - Une bonne circulation d'air	- Dépendance des conditions climatiques et donc on a des vitesses de séchage très variables. - coût relativement élevé.
Séchoirs Hybrides	- Affranchissement des conditions climatiques. - Une meilleure stabilité du processus et une uniformité de la qualité du produit. - Amélioration de la productivité car le système peut fonctionner nuit et jour et en saison de pluie.	- Coût de production très élevé. - Nécessite une énergie d'appoint - Nécessite un personnel qualifié pour la maintenance

Partie II du tableau 5

3-Amélioration du procédé de Séchage solaire

Une grande partie des recherches sur le séchage s'est concentrée sur l'optimisation de la cinétique de séchage des produits agricoles par l'amélioration des paramètres intrinsèques et extrinsèques de l'opération. **Korkida (2003),** a étudié l'influence de l'humidité relative de l'air de la température et de la vitesse de l'air sur la cinétique de séchage. Les résultats ressortis de cette étude montre que la température de séchage a l'effet le plus significatif sur la durée de séchage du produit.

D'autres recherches ce sont dédiées au développement de nouveaux modèles de séchoirs solaires par l'amélioration du design du capteur solaire et du circuit de ventilation. Dans son étude, **Dilip (2007)** a développé un nouveau concept de séchoir à convection naturelle avec une unité de stockage thermique pour assurer l'air chaud pendant les périodes non ensoleillées. Le séchoir se compose d'un ensemble d'insolateurs plats reliés sous forme polygonale pour capter le maximum de rayons solaires par réflexion (**figure 10**). Le système possède une capacité de 90 kg et a été utilisé pour le séchage de l'oignon durant le mois d'octobre.

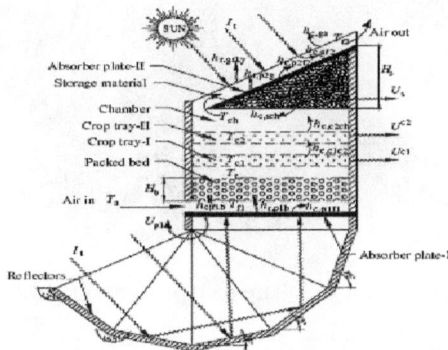

Figure 10: Séchoir solaire à capteur concentrique (Dilip, 2007)

Bennamoun et al. (2003), ont étudié l'apport d'une unité d'énergie d'appoint sur le fonctionnement d'un séchoir solaire indirect utilisé pour le séchage de l'oignon. La conclusion de ces résultats a montré que la teneur en eau finale du produit sans utilisation d'appoint de chauffage n'était pas satisfaisante comparée au séchoir hybride qui a permis un gain de temps considérable. **Benkhelfellah et al. (2005)** ont procédé au développent d'un séchoir direct qui comprend une unité de stockage de chaleur constituée d'un lit de cailloux et de granite peint en noir. Le séchoir construit en inox et recouvert de verre de faible épaisseur 4 mm, comprend deux parties : un vitrage fortement incliné 55° et un vitrage faiblement incliné 15°. Les parois latérales, verticales et le plancher sont isolés thermiquement. La circulation de l'air dans ce système se fait de manière naturelle. Dans cette étude, ils ont pu démontrer que les produits agricoles sèchent 2 à 5 fois plus vite dans le séchoir solaire qu'a l'air libre.

Figure 11: Séchoir Solaire de type direct **(Benkhelfellah, 2005)**

4-Les applications du séchage solaire

Il existe aujourd'hui plusieurs études d'applications du séchage solaire en agroalimentaire. La majeure partie des travaux porte sur la déshydratation des fruits et des légumes. Beaucoup de ces études sont réalisées par des organismes comme le centre technique de coopération agricole européenne (CTA) ou le groupe de recherches et d'échanges technologiques (GRET) qui se sont intéressées à l'extrapolation de ce mode de séchage à l'échelle industrielle .Parmi ces recherches celles effectuées par **Amrouch (2008)** sur le séchage solaire par convection forcée de quelques plantes aromatiques telle que la menthe et les feuilles de laurier, et il a pu estimer la durée de séchage moyenne qui est de 26 heures pour des températures ne dépassant pas les 45°C et a montré également que la méthode de déshydratation a permis de conserver les principes actifs des plantes récoltées.

- Séchage solaire des Tomates

L'enquête de l'agence nationale de maitrise de l'énergie (ANME) a pu démontrer que le séchage solaire des tomates pourrait être une application très intéressante .En Tunisie, la plus part des sociétés qui produisent de la tomate séchée utilisent des séchoirs conventionnels au fuel ou un procédé de séchage solaire direct. La société AGRIFOOD en collaboration avec ANME a développé un concept de séchoir solaire 'cabane' qui peut traiter 120 kg de tomates fraiches par jour **(ANME, 2006).**

- Séchage solaire des Dattes

Le séchage solaire des dattes semble aussi être une alternative très judicieuse. En effet, La production des dattes représente 7 % de la production arboricole en Tunisie et 13 % des exportations d'origines agricoles **(GI-fruits, 2008).** Actuellement les sociétés tunisiennes de conditionnement des dattes utilisent des séchoirs tunnel à chariot et avec brûleur à gaz ou à fuel pour déshydrater leurs produits. Le prototype proposé par l'ANME fonctionne de la même manière qu'un séchoir tunnel et il permet de traiter 900 kg par jour de dattes fraiches.

- Séchage solaire des piments

La production des piments a atteint ces dernières années une moyenne de 200 000 tonnes par an. Environ 14 % de cette quantité sont transformées en conserve de Harissa dont 1800 tonnes sont exportés en France pour une clientèle essentiellement Nord-africaine. Une autre partie de la production environs 160 tonnes par an est destinée au séchage et au moulage ce qui représente un chiffre d'affaire de plus de 350 000 TND **(ANME, 2006)**. Jusqu'à présent les piments sont encore séchés à la manière ancestrale directement au soleil. Pour améliorer la qualité marchande de ce produit un séchoir partiellement solaire a été conçu par l'équipe du laboratoire des procédés thermiques de Borj Cedria **(Sabri, 2012)**. Il s'agit d'un séchoir à tunnel fonctionnant en mode convectif forcé. Le séchoir permet de traiter 100 Kg de produit en un cycle de 24 h **(Sabri, 2012)**.

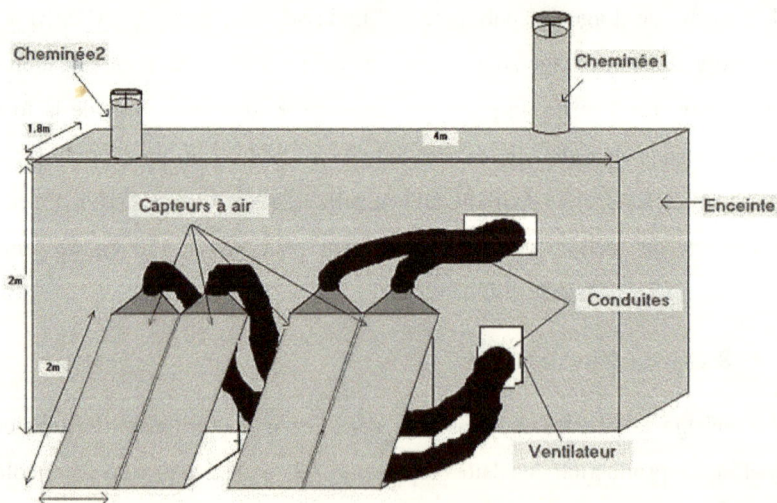

Figure 12: Séchoir Hybride du LPT **(Sabri, 2012)**.

- Séchage solaire des Sardines

Ces dernières années, les poissons tunisiens sont devenus de plus en plus exportés vers le marché étranger surtout vers le marché japonais. Selon l'agence de promotion de l'industrie (API) il existe en Tunisie plus de 83 unités de valorisation des produits marins. Parmi les produits les plus valorisés dans ce secteur, on trouve la sardine qui représente selon la G.I.P.P (groupe interprofessionnel des produits de pêches) environs 18 % du secteur maritime **(GIPP, 2006).** Selon une étude proposée par *Sunlife holding* **(Allani, 2010)**, il serait possible de sécher de la sardine uniquement par rayonnement solaire. Le séchoir utilisé est un modèle convectif sans déshumidificateur et sans recyclage d'air, le séchage se déroule à une température de 60 ° C pendant 6 heures pour une quantité de produit frais d'environ 2500 kg.

CHAPITRE II :

Matériel Et Méthodes

1-Matériel végétal

Les cladodes d'*Opuntia ficus indica*, variété inerme, proviennent de la région de Turki à Nabeul en Tunisie. Les prélèvements des cladodes ont été réalisés durant les mois d'octobre et de novembre 2012. Les lots de cladodes ont été prélevés selon leurs poids et dimensions.

Tableau 6: Caractéristiques des échantillons d'Opuntia variété inerme provenant de la région de Turki.

Poids (g)	Longueur (cm)	Largeur (cm)	Epaisseur (cm)
115 ± 10,25	21,5 ± 1,75	10,28 ± 1	2,2 ±0,44

2-Etude des effets du prétraitement et du mode de déshydratation sur le comportement au séchage des cladodes

Les cinétiques de séchage des cladodes de figue de barbarie ont été déterminées dans une étuve et un dessiccateur infrarouge DENVER IR-30 pour une température de 50°C. Les effets de l'épiderme, de l'épaisseur de la découpe, de la durée du blanchiment ainsi que du sulfitage et de la température de conservation sur la couleur, et le taux de rétrécissement ont été aussi évalués. L'étude de la combinaison des étapes du prétraitement s'est faite en employant un plan d'expériences factoriels fractionnaire à deux niveaux 2 [5-2]. En appliquant la matrice d'Hadamard, il a été possible d'établir une approche générale des effets de chacun des cinq paramètres étudiés en élaborant uniquement huit expériences.

Tableau 7: Plan d'expériences des effets des étapes du prétraitement sur la couleur et le rétrécissement.

N° D'essai	F1 Epiderme	F2 Epaisseur (cm)	F3 Durée du blanchiment (min)	F4 Sulfitage (%)	F5 Température de conservation (°C)
1	sans	1	3,30	2	4
2	avec	1	3,30	1	-10
3	sans	1,5	3,30	1	4
4	avec	1,5	3,30	2	-10
5	sans	1	5	2	-10
6	avec	1	5	1	4
7	sans	1,5	5	1	-10
8	avec	1,5	5	2	4

2.1-Suivi de la cinétique de séchage :

Les raquettes ont été découpées en petits carrés de mêmes masses ($3 \pm 0,1$ g) et sont mis à sécher à une température de 50°C. Pour suivre la perte de masse du produit au cours du temps, nous avons effectué des mesures à l'aide d'une balance de précision de 0,001 g. Les mesures ont été effectuées toutes les 15 minutes pour la première heure puis toutes les 20 minutes jusqu'à atteindre une teneur en eau des raquettes de 25 %. Pour pouvoir comparer les différentes cinétiques de séchage issues des différents prétraitements, les masses ont été converties en ratios d'humidité (X_t/X_i), (X_t : teneur en eau en fonction du temps et X_i teneur en eau initiale en g/g M.s).

Figure 13: Dessiccateur infrarouge DENVER IR-30

2.2-<u>Effet du prétraitement sur la couleur</u> :

Pour évaluer la couleur des cladodes de figue de barbarie, un colorimètre CR-210 MINOLTA a été utilisé. L'échantillon est éclairé par une source lumineuse et le flux lumineux réfléchi est décomposé en trois parties, l'organe de calcul du colorimètre permet d'exprimer la couleur des cladodes dans l'espace CIELAB (L*, a*, b*). La représentation L*, a* et b* est l'un des espaces colorimétriques recommandées par la Commission Internationale de l'Eclairage (CIE). Dans cette représentation L* représente le facteur de clarté, a* et b* sont les coordonnées de chromaticité. L'axe (-a*, +a*) va du vert au rouge, l'axe (-b*, +b*) va du bleu au jaune. La luminance correspond à l'axe vertical qui va du noir (L*= 0) au blanc (L*= 100). Pour comparer l'effet des différents traitements sur la coloration des cladodes l'indice de différence totale de couleur a été utilisé tel que : $\mathbf{\Delta E^*} = \sqrt{(\Delta a^2 + \Delta b^2 + \Delta L^2)}$ où Δa et Δb et ΔL représentent l'écart entre un échantillon prétraité et le témoin non traité.

Figure 14: Colorimètre CR-210 MINOLTA

2.3-<u>Effet du prétraitement sur le rétrécissement:</u>

Pour examiner l'effet du prétraitement sur l'évolution de la forme des cladodes au cours du séchage, des mesures de l'épaisseur sont effectuées toutes les 20 minutes par un pied à coulisse photo-numérique (**Medjoudj, 2003**). L'évolution de la forme des cladodes est représentée en fonction du temps. Elle sera exprimée en taux de rétrécissement (ép t/ ép i) Avec : ép (t) : épaisseur des cladodes en fonction du temps (mm) et ép (i) : épaisseur initiale des cladodes (mm).

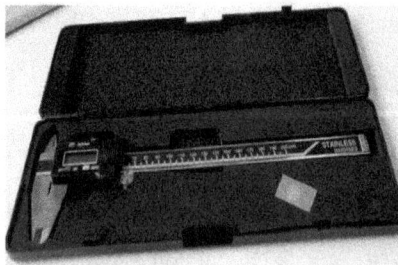

Figure 15 : Pied à coulisse numérique

3-Isotherme de désorption

3.1-Protocole expérimentale

Les isothermes de sorption sont obtenues en maintenant l'échantillon sous une pression partielle de vapeur d'eau constante à une température donnée jusqu'à atteindre l'équilibre thermodynamique. Les isothermes de désorption des cladodes d'*opuntia* prétraitées ont été déterminées à différentes températures (40 °C, 50°C, 60 °C et 70 °C) en utilisant la méthode gravimétrique statique où la régulation de l'humidité est assurée par des solutions saturées de sels. Le **tableau 8** donne la variation de l'activité de l'eau relative aux différents sels en fonction des températures

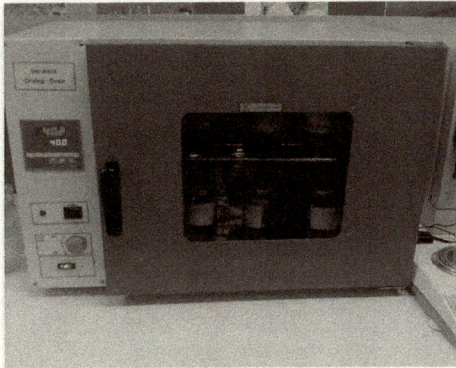

Figure 16: Disposition des bocaux dans l'étuve à 40 °C

Les échantillons de cladodes sont suspendus par des nacelles métalliques aux couvercles de six bocaux, remplis à moitié par les différentes solutions salines. Les bocaux chargés sont ensuite placés dans une étuve à température contrôlée afin de maintenir l'équilibre hydrostatique désirée. Les échantillons sont alors pesés toutes les 48 heures à l'aide d'une balance de précision (0,001g)

.   L'expérience est arrêtée lorsque la masse des échantillons ne varie pas plus de 0,002 g. Une fois l'équilibre thermodynamique est atteint, les échantillons sont pesés et leurs masses sèches sont déterminées après leur déshydratation pendant 24 heures dans une étuve à 105 °C. Les couples de points teneurs en eau à l'équilibre et humidité relative de l'air pour chaque solution saline vont alors nous permettre d'établir les différentes isothermes de désorption.

Tableau 8: activités d'eau des solutions salines en fonction de la température (**Jannot ,2009**)

	40°C	50 °C	60°C	70°C
KOH	0,062	0,057	0,055	0,053
MgCl$_2$	0.315	0,305	0,295	0,288
K$_2$CO$_3$	0.427	0,423	0,421	0,416
NaNO$_3$	0.710	0,698	0,565	0,544
NaCl	0,747	0,718	0,703	0,689
BaCl$_2$	0,891	0,882	0,872	0,863

3.2-Lissage des isothermes de désorption :

D'après la littérature, plusieurs modèles mathématiques sont utilisés pour corréler la teneur en eau à l'équilibre des produits agroalimentaires en fonction de l'activité de l'eau. Pour chercher la corrélation prédictive de nos données expérimentales, les modèles de B.E.T, et de G.A.B sont utilisés. Les coefficients de ces modèles sont regroupés dans le **tableau 9**.

Tableau 9: Les différents modèles de lissage d'isothermes utilisées

Auteur	Modèle	Paramètres du modèle
BET (1938)	$Xéq = \dfrac{Xm.\,a.\,HR}{(1-aw)(1+(a-1)aw)}$	**Xm** : Teneur en eau de la monocouche (Kg/kg M.S) **a** : Constante de BET
GAB (1946)	$Xéq = \dfrac{Xm.\,C.\,K.\,aw}{(1-Kaw)(1-Kaw+CKAaw)}$	**C** : Constante de GAB. **K** : facteur correctif des propriétés des multicouches d'adsorption. **aw** : activité de l'eau **Xm** : Teneur en eau de la monocouche en (Kg/kg M.S)

Pour pouvoir juger de la qualité d'un modèle à décrire l'isotherme de désorption, l'erreur moyenne relative (EMR) et l'erreur standard de la teneur en eau du produit (EST) sont utilisés (**Aghrir, 2005**). Ces paramètres sont calculés comme suit :

$$\textbf{EMR} = \frac{100}{N}\sum_{i=1}^{N}\left|\frac{Xeq,expi - Xeq,pri}{Xeq,expi}\right| \quad \text{et} \quad \textbf{EST} = \sqrt{\sum_{i=1}^{N}\frac{(Xeq,epi - Xeq,pri)^2}{df}}$$

Où $X_{eq,\,expi}$ est la i éme teneur en eau expérimentale d'équilibre et Xeq, pri est l'$i^{ème}$ teneur d'équilibre à prédire. N, représente le nombre de points expérimentaux et df est le dégrée de liberté de la régression du modèle.

4-Elaboration de la courbe caractéristique de séchage

4.1-Protocole expérimentale

100 grammes de cladodes de figue de barbarie prétraités sont uniformément répartis en monocouche sur une grille perforée de (27 * 20 cm^2) puis sont mis dans une boucle de séchage avec température, humidité relative et vitesse d'air bien définie. Afin d'assurer une meilleure stabilité des conditions de séchage et une homogénéisation de la température à l'intérieur du séchoir, l'ensemble de l'appareillage doit fonctionner au moins une demi-heure avant l'introduction du produit dans la boucle de séchage.

4.2-Description de la boucle de séchage

L'unité de séchage utilisée est une soufflerie climatique à grille horizontale fonctionnant en boucle fermée qui a été conçue et réalisée dans le **LETTM**. Elle permet de couvrir les gammes de température, vitesse d'air et humidité relative couramment employés dans le procédé de séchage convectif à basse et moyenne température.

Figure 17: Boucle de séchage conçue par le **LETTM**

La boucle fonctionne par un écoulement d'air produit par un ventilateur centrifuge de puissance 2,7Kw et de fréquence réglable à l'aide d'un variateur de vitesse. L'air passe à travers des batteries de chauffages pour élever sa température, puis par une chambre de tranquillisation. Avant d'atteindre la veine d'essai, l'air passe par un filtre en nid d'abeilles en vue de son homogénéisation. Le flux d'air dans la veine d'essai est perpendiculaire à la surface du produit à sécher. Ce type d'écoulement a l'avantage d'offrir des conditions optimales de contact air –produit et un coefficient de transfert de chaleur plus élevé. La température, la vitesse et l'humidité relative de l'air sont ajustées et contrôlés continuellement à l'aide d'un automate programmable.

4.3- Cinétiques de séchage des cladodes

Les expériences de séchage ont été réalisées sur des cladodes prétraités selon une table à trois variables : température, humidité relative et vitesse de l'air. Le **tableau 10** résume l'ensemble d'expériences appliquées dans la boucle de séchage. Le choix des niveaux des paramètres de l'étude s'est basé sur des articles qui portent sur le séchage des produits agro-alimentaires. Les températures de séchage utilisées varient entre 45 °C et 70 °C pour s'approcher au plus des conditions de séchage solaire.

Tableau 10: les expériences de séchage des cladodes en fonction de la variation des propriétés de l'air de séchage.

	Température (°C)	Humidité relative (%)	Vitesse de l'air (m/s)
1	45	28	1
2	60	28	1
3	70	28	1
4	45	28	2

	Température (°C)	Humidité relative (%)	Vitesse de l'air (m/s)
5	60	28	2
6	70	28	2
7	60	28	2,5
8	60	15	2

- Partie II du Tableau 10

Les cinétiques de séchage obtenues vont être lissé selon le modèle exponentielle de PAGE : $X = Ae^{-kt}$ avec (X : teneur en eau, A et K : Constantes et t : temps (min)). La vitesse de séchage sera évaluée en dérivant l'équation de PAGE pour chaque teneur en eau. La démarche pour obtenir la courbe caractéristique de séchage consiste à rassembler les différentes courbes de l'évolution de la teneur en eau sur une seule courbe avec la vitesse de séchage normalisée en ordonnée et la teneur en eau réduite comme abscisse. Pour cela les différentes données lissées vont être transformés selon les équations suivantes (**Khoulia, 2007**) :

$$\emptyset = \frac{X(t) - X\acute{e}q}{X(I) - X\acute{e}q} \quad 0 \leq \emptyset \leq 1 \quad \text{Et} \quad f = \frac{-(\frac{dX}{dt})}{-(\frac{dX}{dt})i} \quad 0 \leq f \leq 1$$

5- Le séchage solaire des cladodes de figue de barbarie :

5.1- Méthode de calcul de l'énergie nécessaire au séchage solaire

- Vitesse en eau extraite

La quantité en eau extraite des cladodes d'*opuntia* prétraitées au niveau du séchoir solaire est calculée selon la formule suivante (**Ferradji, 2011**) :

$$Vse = \frac{M*(Xi - Xf)}{TS}$$

Vse : vitesse en eau extraite (Kg eau /heure) ;

M : masse initiale des cladodes prétraitées (Kg) ;

Xi : teneur en eau initiale des cladodes ;

Xf : teneur en eau finale des cladodes ;

Ts : durée du séchage (heure).

- Débit nécessaire en air chaud

Le débit d'air chaud nécessaire pour abaisser l'humidité des cladodes d'*opuntia* est représenté par la relation suivante **(Ferradji, 2011)** :

$$Ds = 1000 \times \frac{Vse}{1,2\,(X2 - Xa)}$$

Ds : le débit d'air chaud nécessaire au séchage (m^3/heure) ;

Vse : vitesse en eau extraite (kg eau/heure) ;

X_a : humidité absolue de l'air à l'entrée du séchoir (g eau/ Kg air sec) ;

X_2 : humidité absolue de l'air à la sortie du séchoir (g eau/ Kg air sec) ;

- Puissance de chauffage nécessaire

Le débit d'air de séchage nécessite une puissance en énergie solaire pouvant être estimée à partir de la différence entre l'enthalpie de l'air ambiant et celle de l'air sec. La puissance du séchoir solaire est calculée par la formule suivante **(Ferradji, 2011)** :

$$Pn = \frac{1,2\,(h\,1 - ha)}{3600} * Ds$$

Pn : puissance nécessaire en (Kw) ;

ha : enthalpie de l'air ambiant (KJ/Kg) ;

h1 : enthalpie de l'air sec (KJ/Kg) ;

Ds : débit d'air chaud (m^3/heure).

- Energie de chauffage nécessaire

L'énergie minimale nécessaire pour pouvoir chauffer l'air de séchage peut être calculée par la formule suivante **(Ferradji, 2011)** : En = Pn * Ts.

Où : En : énergie de chauffage nécessaire (Kwh) ; Pn : puissance nécessaire au séchage (Kw) et Ts : durée du séchage solaire (heure).

5.2-Méthode de calcul de la surface du capteur solaire :

- Bilan thermique d'un capteur solaire

Pour pouvoir calculer la surface de captation solaire minimale nécessaire au séchage des cladodes de figue de barbarie nous avons opté pour la méthode des bilans thermiques simplifiés de Hottel-Willer-Bliss **(Kbaier, 2012)**. Les dimensions du capteur solaire vont dépendre des propriétés de l'environnement (température, humidité de l'air et rayonnement solaire) ainsi que des propriétés physiques du capteur (rendement optique du vitrage, type d'absorbeur et isolation thermique). L'équation qui suit présente la relation qui existe entre la puissance utile au chauffage de l'air de séchage et la surface du capteur **(Kbaier, 2012)** :

$$P_n = A*[G\ (\alpha\tau) - U\ (T_{abs} - T_{ext})]$$

Pn: puissance thermique utile (W);

A : surface de l'absorbeur (m^2) ;

G*: rayonnement solaire incident (W/m^2);

α : absorbance de la plaque absorbante ;

τ : transmittance du vitrage ;

U : coefficient global des pertes thermiques du capteur en (W/m^2K) ;

T_{abs} : la température de l'absorbeur (K) ;

T_{ext} : la température extérieure (K).

- Fonction global des déperditions thermiques

Le coefficient de perte thermique peut s'écrire sous la forme $U = U_{avant} + U_{arrière}$ avec U_{avant} coefficient des pertes à l'avant du capteur et $U_{arrière}$ celui des pertes thermiques en arrière du capteur. Pour pouvoir calculer U_{avant} Duffie et Beckmann, ont donné la relation empirique qui met en relation les propriétés des matériaux de construction du capteur solaire avec les propriétés de l'environnement de séchage (**Kbaier, 2012**).

La relation de Duffie et Beckmann est la suivante :

$$U_{avant} = \left[\frac{N}{\frac{C}{Tabs} * \left[\frac{(Tabs - Tex)}{N+f}\right]e} + \frac{1}{hw}\right]^{-1} + \left[\frac{\sigma (Tabs + Text)(Tabs2 + Text2)}{(\varepsilon abs + 0{,}00591\ Nhw) - 1 + \frac{2N+f-1-0.1333\ \varepsilon abs}{\varepsilon vit} - N}\right]$$

ε**abs** et ε**vit** : émissivité de l'absorbeur et du vitre ;

N : nombre de vitre (dans notre cas = 1) ;

hw : $= 5{,}7 + 3{,}86 * V_{vent}$; coefficient vent- vitrage (W/m^2K) ;

V_{vent} : vitesse du vent (ms^{-1}) ;

C : facteur d'inclinaison du capteur $= 520 * (1 - 0.000051\beta^2)$;

β : angle d'inclinaison du capteur ;

f : facteur correctif de la vitesse du vent :

f = $(1 + 0.089hw - 0.1166hw\ \varepsilon abs)(1 + 0.07866\ N)$; e = $0.430\ ((1 - 100)/Tabs)$.

Le coefficient de perte thermique à l'arrière du collecteur solaire est calculé à partir de l'épaisseur de l'isolation et de sa capacité d'échange thermique : $U_{arrière}$ = $\frac{Kis}{eis}$, où Kis : conductivité thermique de l'isolant (W/mK) et eis : épaisseur de l'isolant (m).

- Epaisseur du canal d'écoulement d'air

La section du canal d'écoulement d'air permet de déterminer le régime d'écoulement du fluide caloporteur. Elle est en relation direct avec le coefficient de transfert convectif entre l'air de séchage et l'absorbeur qui est calculé comme suit **(Kbaier, 2012)** :

$$h_{abs\text{-}f} = \frac{Nu\,\acute{\kappa}}{Dh}$$

$h_{abs\text{-}f}$: coefficient de transfert convectif entre l'absorbeur et l'air (W/m²K) ;

$\acute{\kappa}$: Conductibilité de l'air (W/mK) ;

Dh : diamètre hydraulique (m),

Nu : nombre de Nusselt.

L'estimation du nombre de Nusselt est en fonction du nombre de Reynolds qui exprime l'écoulement de l'air de séchage. Où le nombre de Reynolds est donné par la relation suivante :

$$Re = \frac{\rho\,Vf\,Dh}{\gamma f}$$

Re : nombre de Reynolds ,

ρ : Masse volumique de l'air de séchage (Kg / m^3) ;

Vf : vitesse de l'air de séchage (m/s) ;

γf : viscosité dynamique de l'air de séchage (Kg/ms) ;

Dh : diamètre hydraulique de veine de passage de l'air de séchage qui dépend de l'épaisseur du canal d'écoulement : $Dh = \frac{4\,S}{P}$; où **S** : surface de passage de l'air de séchage (m²) et **P** : périmètre mouillé de la section de passage de l'air (m).

En fonction du régime d'écoulement du fluide caloporteur on peut avoir les 3 cas suivants :

➢ Régime laminaire : Re < 2100 :

$$Nu = 3,66 + \frac{0.085.Gz}{1+0.045.Gz0.66.}$$

➢ Régime transitoire : 2100< Re <10000

$$Nu = 0,116. (Re^{0.66} -125).Pr^{0.33}. (1+ (Dh/L)^{0.66})$$

➢ Régime turbulent : Re > 10000

$$Nu = 0,027. Re^{0.8}. Pr^{0.33}$$

Avec : Gz : nombre adimensionnel de Graetz, $\mathbf{Gz} = Re. Pr. \frac{Dh}{L}$ et Pr : nombre adimensionnel de Prandtl, $\mathbf{Pr} = \frac{\gamma f.Cp}{\lambda}$ où $\mathbf{Cp}$: capacité calorifique de l'air (J.kg^{-1}.K^{-1}).

5.3-<u>Réalisation du séchoir solaire</u>

Le séchoir solaire utilisé est de type monobloque il a été réalisé sur commande par une société Tunisienne. Il est constitué par deux sous unités : une enceinte de captation solaire et par une seconde unité dite chambre de séchage. L'unité de chauffage est un capteur solaire plan, son rôle consiste à transformer le rayonnement solaire qu'il reçoit en énergie calorifique utilisable pour le séchage via un fluide caloporteur, dans notre cas il s'agit de l'air.

Le capteur est sous forme parallélépipédique de dimensions 2 m*1m*0,1m. Il est constitué de :

➢ un cadre en inox de dimensions 2m*1m*0.1m
➢ Un absorbeur en aluminium de forme triangulé et de dimensions 2m*1m*0,0095m avec un revêtement sélectif en oxyde de chrome noir sur nickel brillant (époxyde)
➢ Une isolation avec une couche de polyuréthane entre deux tôles d'acier galvanisé de dimensions 2 m*1m*0,05m

➢ Une isolation avec une couche de polyuréthane entre deux tôles d'acier galvanisé de dimensions 2 m*1m*0,05m

➢ Un vitrage simple en verre trempé d'épaisseur 4 mm et de dimensions 1,97m*0,97m.

Figure 18: Séchoir solaire monobloque

La chambre de séchage de dimensions 0,9 m*0,9m*1m est la pièce principale du système elle est faite en inox et isolé par une couche de polyuréthane. La chambre contient 5 plateaux en bois qui servent de support au produit à sécher. Une facette de cette chambre de séchage est faite de verre double vitrage d'épaisseur 4mm qui va permettre de combiner le séchage solaire direct au séchage indirect par convection. Sur le toit de cette chambre est placée une cheminée de 0,6 m d'hauteur et de 0,2 de diamètre qui va permettre d'évacuer l'air de séchage par ventilateur encastré. Le séchoir est emboité sur un support métallique mobile qui va permettre la variation de la position du capteur solaire en fonction du degré d'ensoleillement.

5.4-Mesure de l'efficacité thermique du capteur solaire :

L'efficacité thermique d'un capteur thermique à air dépend essentiellement de trois facteurs : l'éclairement solaire, la célérité du vent et la température ambiante. Le rendement statique d'un capteur représente le rapport entre la puissance du rayonnement solaire incidente sur la surface utile du capteur et la puissance que fournit le capteur au fluide caloporteur **(Kbaier, 2012)**.

L'équation utilisée pour le calcul du rendement du capteur est la suivante :

$$\textbf{Eta} = D_m * C_p * \frac{(Tsortie - Tentrée)}{Ac*S}$$

Avec :

Eta : Rendement du capteur à air thermique ;

$\textbf{D}_m$: Débit massique de l'air (Kg/s) ;

Cp : chaleur spécifique de l'air ($J \cdot kg^{-1} \cdot K^{-1}$) ;

$\textbf{T}_s$: Température de sortie de l'air du capteur (Kelvin) ;

$\textbf{T}_e$: Température d'entrée de l'air au capteur (Kelvin) ;

A : Surface utile du capteur (m^2) ;

S : Rayonnement solaire capté (W/m^2).

Les mesures de la variation de l'éclairement solaire, de la célérité du vent et de la température à l'entrée du capteur ont été effectuées par la société de fabrication en utilisant des instruments étalonnées :

(i) Deux thermocouples de type K : placées à l'entrée et à la sortie du capteur. Ils sont composés d'un alliage de nickel et de chromes qui permettent des mesures de gamme de températures de -200°C à 1000°C.

(ii) Un pyranomètre CM11 : placé directement sur la vitre du capteur, cet instrument va permettre de mesurer l'ensoleillement par des thermocouples en cuivres constantan (alliage de cuivre et nickel). Il

permet de mesurer la différence d'énergie reçue par ensoleillement entre une surface noir et blanche.

(iii) Un Anémomètre Testo avec hélice télescopique qui va permettre de mesurer la vitesse de l'air.

(iv) Une chaine d'acquisition : Les capteurs vont être liés à un multiplexeur (unité d'acquisition de données multiples) HP34901A qui est à son tour relié à un micro-ordinateur.

6- Analyse physico-chimiques et microbiologiques des Cladodes d'*Opuntia* :

6.1- Mesure de la teneur en eau :

La teneur en eau des cladodes a été faite selon la méthode AFNOR **(NF ,1999)**. Des échantillons sont découpés de différentes parties des cladodes et sont étuvés à 105°C pendant 24 heures.

6.2- Mesure du potentiel hydrogène :

Le potentiel hydrogène constitue une mesure globale des ions hydrogènes dans le milieu. Le pH a été mesuré à l'aide d'un pH-mètre étalonné de type HANNA.

6.3- Dosage des pectines :

L'extraction des pectines en vue de leur dosage a été effectuée selon la méthode suivante : 5 ml de jus de cladodes a été mélangé à 5 ml d'éthanol 96%. Le mélange obtenu est agité 2 à 3 fois puis laissé reposer pendant 1 h. L'éthanol entraîne la précipitation des pectines. Le précipité obtenu sera par la suite pesé après séchage en étuve **(Mollea, 2007).**

6.4- <u>Mesure du degré Brix :</u>

Le dégrée Brix ou indice réfractomètrique représente le pourcentage de matières sèches solubles présente dans le jus de cladodes d'*opuntia*. Cet indice réfractomètrique est en relation étroite avec la teneur en sucre. Pour mesurer le pourcentage de matière sèche soluble, on utilise un réfractomètre ATAGO gradué de 0 à 53 %. Le principe de la méthode consiste en la conversion de l'indice de réfraction du jus à 20°C en matière soluble naturelle exprimé en saccharose. A partir du degré Brix on peut déterminer la teneur en sucres totaux en appliquant les formules suivantes **(Bouroka, 2012)** :

Teneur en sucres totaux (g/L) = (°Brix) * 10 * (Poids jus/ volume du jus)

6.5- <u>Dosage des pigments :</u>

L'extraction des pigments a été faite par broyage de 1 g de produit prétraité dans un mélange de 9 ml d'acétone 80 % et d'éthanol 90 % (v/v). Le mélange est laissé macérer pendant 24 h dans un shaker à température ambiante et en obscurité. Il est ensuite centrifugé pendant 5 minutes à 2500 rpm. Enfin on récupère le surnageant pour mesurer l'absorbance à 670 nm pour les pigments chlorophylliens et à 470 nm pour les caroténoïdes **(Moreau et Part, 2008)**.

$$\text{Chlorophylles} = \frac{A670 \times 106}{613 \times 100} \quad \text{et} \quad \text{Caroténoïdes} = \frac{A470 \times 106}{2000 \times 100}$$

6.6- <u>Mesure de la capacité de réhydratation :</u>

La réhydratation est évaluée en introduisant les tranches séchées dans des boîtes de Pétri contenant des volumes d'eau distillée de 20 ml et en laissant le produit s'imbiber à température ambiante pendant une période de 6 heures **(Medjoudj, 2003)**. Des pesés sont effectuées toutes les 30 minutes avec une balance de précision. L'évolution du taux de réhydratation [(Xréhd /Xi)* 100] est tracée en fonction du temps. Où Xréhd est la teneur en eau après réhydratation en g/gM.s et Xi est la teneur en eau des cladodes d'avant le séchage en g/g M.s).

6.7 -Effet du séchage sur la qualité microbiologique des cladodes

Le contrôle microbiologique des cladodes de figue de barbarie a été élaboré sur la matière première, après le prétraitement et sur le produit déshydraté pour évaluer la stabilité microbiologique. La méthode d'analyse utilisée est la technique de dénombrement sur milieu gélosé selon la norme **ISO 7218 (2007)**. La flore mésophile totale a été déterminée par dénombrement après culture sur milieu gélosé PCA pendant 3 jours à 30 °C. Les levures et moisissures sont déterminées après culture sur milieu gélosé sabouraud – chloramphénicol, les colonies sont dénombrées après une durée d'incubation allant de 3 à 5 jours à 28 °C. Les coliformes totaux ont été déterminés après culture sur milieu VRBL et une incubation de 24 heures à 30°C. La préparation des solutions mère des échantillons déshydratés a été faite selon la norme tunisienne NT 16.28 et l'analyse des résultats selon la norme tunisienne NT 16.39. L'estimation du nombre de micro-organismes présent dans l'échantillon est faite selon la formule suivante :

$$[N] = \frac{\sum C}{(n1 + 0,1\, n2)\, d\, v}$$

Avec : $\sum C$ nombre totale de colonies comptées sur les boites retenues.

n1 : nombre de boites retenues à la dilution la plus faible.

n2 : nombre de boites retenues à la $2^{\text{ème}}$ dilution.

d : facteur de dilution à partir duquel les premiers comptages sont réalisés.

V : volume de prise d'essai inoculé en (ml).

6.9 -Evaluation de la qualité microbiologique des cladodes déshydratées

Afin de pouvoir juger de la qualité du produit fini (cladodes d'*opuntia* déshydratées), on a eu recours à un plan d'interprétation à trois classes selon la norme Tunisienne NT 16,39 (1988). La qualité des cladodes est considérée comme :

(i)   Satisfaisante : Lorsque les valeurs observées sont inférieures ou égales à 3m où m signifie le seuil limite en dessous duquel les résultats sont considérés comme satisfaisante.

(ii)   Acceptable : lorsque les valeurs observées sont comprises entre 3m et M où M signifie le seuil limite d'acceptabilité au-delà duquel les résultats ne sont pas considères comme satisfaisants.

(iii) Non satisfaisant : lorsque les valeurs observées sont supérieurs à M.

Les valeurs de 3m et de M indiquées par les normes sont :

- Flore totale : $3m = 9 \ 10^5$ et $M = 3 \ 10^6$
- Levures et moisissures : $3m = 3 \ 10^3$ et $M = 10^4$
- Coliformes totaux : $3m = 3 \ 10^2$ et $M = 10^3$

7- Logiciels et Analyses statistiques :

Le logiciel **Minitab 16.0** a été utilisé pour effectuer les tests statistiques. Le programme permet de créer et d'analyser des plans d'expériences aussi d'effectuer une analyse de la variance ainsi que l'affichage de représentations graphiques de données comme les boites à moustaches , et les diagrammes de Pareto (pour l'analyse statistique) et des diagrammes des effets principaux et des interactions (pour les plans d'expériences) . Les logiciels **Origin 6.0** et **CurveExpert 1.3** ont été utilisées pour la modélisation des Isothermes.

CHAPITRE III :

Résultats Et Discussion

I-Caractérisation des cladodes d'*Opuntia ficus indica* fraîches :

Les cladodes de figue de barbarie fraîches ont été caractérisées par des analyses physico-chimiques et microbiologiques. Les résultats obtenus sont présentés dans le **tableau 11**.

Tableau 11: Caractérisation physico-chimiques et microbiologiques de cladodes *d'opuntia* fraîches.

Caractérisation physicochimiques	
Teneur en eau (%) PF	$93,31 \pm 1,62$
pH	$4,57 \pm 0,25$
Brix (%)	4
Sucres totaux (g/L)	$57,81 \pm 1,72$
Pectines (g/100ml)	$1,39 \pm 0,15$
Pigments (mg/100g)	Chl = 0,388 Cart = 0,052
Indices de Couleur	a*= $-16,1 \pm 0,98$
	b*= $+31,96 \pm 0,25$
	L*= $55,68 \pm 1,3$
Caractérisation Microbiologiques	
Flore totale (UFC/g)	$3,12 \; 10^6$
Levures et moisissures (UFC/g)	$6,26 \; 10^3$
Coliformes Totaux (UFC/g)	$1,4 \; 10^3$

* Chl : Chlorophylles - Cart : Caroténoïdes

Les cladodes de figue de barbarie présentent une teneur en eau importante et un pH acide dû à la présence de nombreux acides organiques tels que l'acide citrique **(Stintzing, 2005)**. De même, elles ont une concentration en sucres totaux de 57 g/L ce qui est plus élevé que le taux de glucides présent dans les haricots verts et les épinards qui est de 4 et 3,6 g pour 100 g de produit frais **(Pharma, 2010)**. Ces résultats sont proches de ceux trouvés dans la littérature

(**Armida et Cantwell, 1988**) mais restent en moyenne plus élevés que ceux des variétés épineuses qui ont une teneur en sucre de 50 g/L. Le jus des cladodes présente un degré Brix assez faible de 4 %, ce qui est 3 à 4 fois moins élevé que la teneur en matière sèche soluble présente dans le jus de fruit de la même plante qui varie entre 12 et 16 degré Brix (**Askar et Samahy, 1981**) . La forte teneur en eau et en sucre des cladodes ainsi que leur pH acide peuvent faciliter le développement des moisissures et des levures, d'où la nécessité de les stabiliser. Les cladodes présentent une teneur en pectine de 1,39 %. Ces valeurs sont légèrement inférieures à celles trouvées par (**Villarreal et al, 1963**), qui a montré que la teneur en pectines des cladodes peut atteindre les 2 % ce qui est comparable à celle présente dans les pommes, d'où la possibilité d'utiliser l'extrait de raquettes comme épaississants dans la formulation de nouveaux aliments. De même, le jus des cladodes présente une teneur en chlorophylles de 0,388 mg /100 g de produit frais et une teneur en caroténoïdes de 0,052 mg /100 g de produit frai. Ces résultats sont en corrélation avec les indices de chromaticités qui placent la couleur des cladodes fraîches dans le quadrant de couleur vert-jaune avec une forte luminance.

L'analyse microbiologique des raquettes montre l'existence de différentes flores microbiennes endogènes. Leur présence est sans doute liée à la nature non maitrisée de la culture et à la qualité de l'eau d'irrigation. En appliquant un plan d'interprétation à 3 classes pour l'utilisation des produits végétaux dans l'industrie agroalimentaire, on trouve que les cladodes fraîches présentent une qualité microbiologique acceptable. En revanche, la présence de levures et de moisissures et de coliformes peut altérer le produit et réduire la durée de sa conservation d'où l'intérêt de lui appliquer un traitement de stabilisation approprié.

II-Effet du mode de séchage sur la cinétique de déshydratation :

Les échanges thermiques sont des phénomènes de transfert d'énergie sous forme de chaleur qui se fait en 3 modes : la conduction, la convection et le rayonnement. Dans le but d'étudier l'effet du mode de transfert thermique sur la cinétique de séchage, les cladodes d'*Opuntia* sont séchées en étuve et en dessiccateur infrarouge à 50°C.

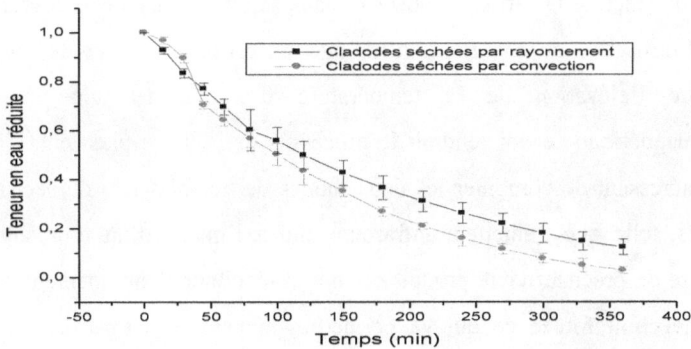

Figure 19: Variation de la teneur en eau réduite des cladodes séchés en étuve et en dessiccateur infrarouge (**p <0,05**).

Le séchage par convection forcée est le mode le plus appliqué en industrie alimentaire, le produit humide est placé dans un courant d'air chaud et l'eau est éliminée par entrainement. En revanche, le chauffage par infrarouge est un procédé de chauffage direct par rayonnement, ou l'apport de l'énergie nécessaire à l'évaporation de l'eau est fourni par un émetteur infrarouge ce qui s'apparente à une serre solaire. Les courbes de la **figure 19** montrent l'effet du mode de transfert thermique sur la cinétique de séchage des cladodes. Les deux courbes

65

ne présentent pas de phase 0 et 1, c'est-à-dire l'absence de la phase de mise en température et de séchage à allure constante, seule la phase 2 à allure décroissante est représentée. Selon la classification de (**Van Brakel, 1980**), il est très difficile de mettre en évidence la phase 0 lors du séchage des fruits et légumes puisqu'elle est très rapide et nécessite des écarts de températures très importants entre le produit et l'air de séchage. Cependant, malgré la similarité des allures des courbes, on note l'existence d'un effet significatif du mode de séchage sur la durée de déshydratation ($p < 0,05$). En dessiccateur infrarouge les 25 % d'humidité sont atteinte au bout de 4 heures 30 minutes soit plus de 45 minutes que la durée nécessaire en étuve. En convection l'élimination de l'eau est faite par ventilation d'air chaud qui a l'avantage de ce renouveler à chaque fois ce qui facilite la diffusion de l'eau dans son environnement extérieur. Par contre l'utilisation du chauffage infrarouge qui est un chauffage de surface va permettre l'élévation de la température des cladodes via un champ électromagnétique ce qui rendrait le processus de séchage plus lent. Il serait donc intéressant de combiner les deux modes de transfert lors du séchage des cladodes, telle que l'émetteur infrarouge qui à l'image d'un four solaire va permettre de préchauffer le produit et donc de faciliter l'entrainement de l'eau par convection forcée ce qui va permettre un gain en temps et en énergie considérable.

III- Effet du prétraitement des cladodes d'*Opuntia*

1- Influence sur la cinétique de séchage

Lors du séchage des fruits et des légumes il est indispensable de trouver les meilleurs prétraitements qui vont permettre de conserver les propriétés du produit et de réduire la durée de séchage. Pour le séchage des cladodes, les traitements de bases choisies sont : l'épluchage, le découpage, le blanchiment à la vapeur et le sulfitage. D'abord l'épluchage va permettre l'élimination de l'épiderme qui pourrait freiner l'évaporation de l'eau, le découpage est ici indispensable car les cladodes sont assez épais ce qui peut ralentir la déshydrations et rendre le produit vulnérable a une prolifération microbiologique. Le blanchiment à la vapeur va désactiver des enzymes comme la catalase et la peroxydase, inhiber les réactions d'oxydation et aussi réduire la flore microbienne de base, et permet de ramollir les tissus. Alors que la macération dans une solution de sulfite de sodium va permettre de garantir une bonne qualité microbiologique du produit fini et d'inhiber les réactions d'oxydation. La **figure 20** présente l'influence des différentes opérations du prétraitement sur la cinétique de séchage des Cladodes. L'opération d'épluchage a influencé la cinétique de séchage, en effet, les échantillons sans épiderme ont atteint les 25 % d'humidité en 153,15 minutes. Alors que ceux avec épidermes n'ont pas dépassés les 38 % d'humidité. Ces résultats sont conformes à ceux de (**Lopez ,2009)**, qui a montré que l'élimination la cuticule a permis de réduire le temps de séchage de 30% en soufflerie à 60°C. L'épiderme semble jouer un rôle dans la régulation des échanges gazeux avec le milieu extérieur. Donc l'élimination de cette couche permet de diminuer l'obstacle lié à la diffusion des molécules d'eau, et d'augmenter la vitesse de séchage ce qui entraîne une réduction du temps de déshydratation. De même, l'épaisseur des échantillons semble aussi influencer la vitesse de déshydratation. Cependant, cet effet n'est visible qu'après une heure du traitement. La diminution de l'épaisseur de l'échantillon de 15 à 10 mm a permis d'augmenter la vitesse de 0,050 g/g M.s min^{-1} à 0,065 g/g M.s min^{-1}. Ces résultats sont en accord avec ceux trouvés par Medjoudj [38] qui a montré que l'épaisseur des courgettes influence d'une manière significative le phénomène de transfert de chaleur et de matière. L'effet de la durée du blanchiment à la vapeur d'eau sur la cinétique de séchage des cladodes d'opuntia est présenté dans la **figure 20(c)**. Il est à noter que la durée du blanchiment a un effet significatif sur la vitesse de séchage des raquettes pendant la durée de séchage variant de 50 à 250 minutes. Le même résultat a été observé par (**Pangavhane et al, 1999**). L'élimination de la couche cireuse qui couvre la paroi végétale semble bloquer la diffusion des molécules d'eau. En outre, un blanchiment prolongé provoque le ramollissement des tissus et la dilatation des cellules ce qui facilite l'élimination de l'eau en augmentant la perméabilité des parois cellulaires. En revanche, selon les études rapportées par (**Vagenas et al, 1991**), l'effet de la durée du blanchiment n'influence la vitesse de séchage qu'au début du traitement._Les conditions de conservation des échantillons ont également influencé la durée et la vitesse de séchage des cladodes d'*Opuntia*. La conservation du produit par congélation peut entraîner des modifications au niveau de la texture ce qui a pour effet de ramollir le tissu végétal. Selon l'étude élaborée par (**Yang et al, 1987**), la congélation permet la formation de cristaux de glaces à l'intérieur du produit causant une destruction des cellules et un ramollissement non négligeable du tissu ce qui accélère la déshydratation du produit. Les cladodes congelées ont atteints une humidité relative de 25 % après 2 heures et 20 minutes de séchage ce qui a permis de réduire la durée de l'opération par 30 % à celles des cladodes conservées à 4 °C et de 40 % par rapport des échantillons conservés à température ambiante. Quant au sulfite de sodium, qui est un antioxydant et un antimicrobien il n'a pas influencé la vitesse de séchage. Le même résultat a été observé par (**Senhaji, 1991**) et (**Ferradji, 2008**). Les différents prétraitements testés à l'exception du sulfitage ont influencé la cinétique de séchage des cladodes d'*Opuntia*. L'analyse par comparaison multiple (**annexe**) des durées de séchage au bout desquelles les raquettes ont atteints les 25 % d'humidité a montré que c'est la congélation suivie de l'élimination de l'épiderme et du blanchiment qui ont affecté le plus les résultats.

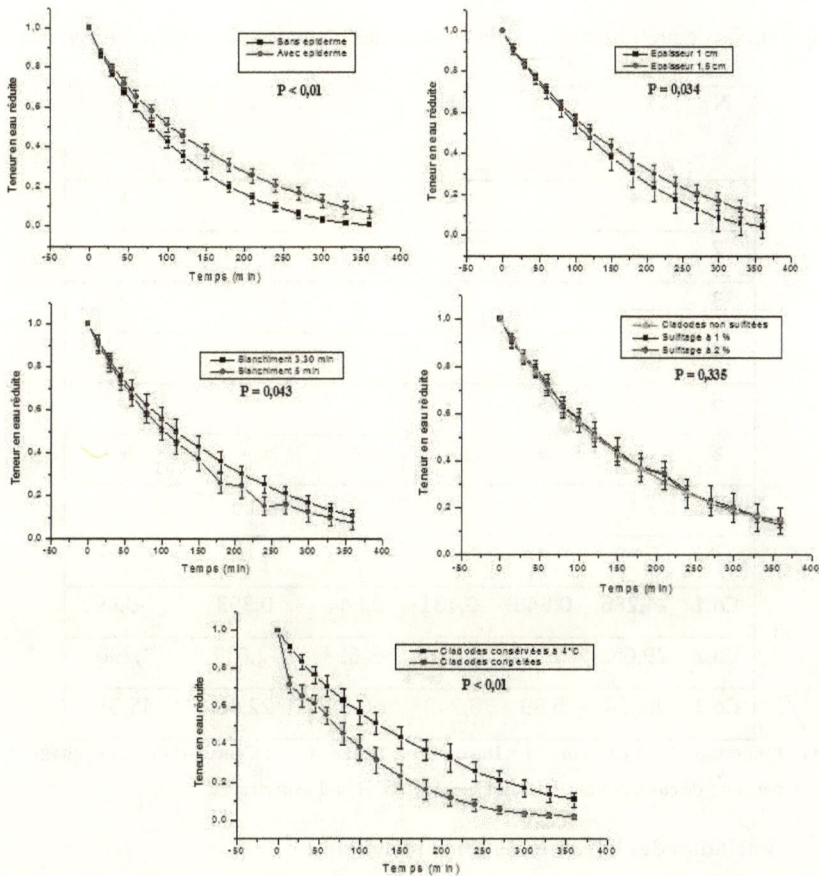

Figure 20: Effet des étapes du prétraitement sur la cinétique de séchage des
cladodes de figue de barbarie.

2- Influence des opérations de prétraitement sur la couleur du produit déshydraté

Afin de choisir le prétraitement qui permet de préserver les propriétés
organoleptiques des cladodes, les paramètres colorimétriques des produits
prétraités et séchés en étuve ont été déterminés (**Tableau 12**).

Tableau 12: **Plan expérimental avec 5 facteurs et 8 expériences :** Effet des opérations de prétraitement sur la couleur des cladodes d'*Opuntia ficus indica*.

N°	Moy	F1	F2	F3	F4	F5
1	+	-	-	-	+	+
2	+	+	-	-	-	-
3	+	-	+	-	-	+
4	+	+	+	-	+	-
5	+	-	-	+	+	-
6	+	+	-	+	-	+
7	+	-	+	+	-	-
8	+	+	+	+	+	+
Co 1	-4,286	0,548	-0,181	0,644	0,393	-0,492
Co 2	29,085	-0,557	0,960	-3,693	-2,017	3,290
Co 3	84,74	5,89	0,249	10,55	22,68	45,36

F1= Epiderme, F2 = Epaisseur, F3 = Durée de blanchiment, F4 : Concentration de sulfitage, F5 : Température de conservation. - Co : Coeiffient du plan d'expériences.

Variation des Paramètres colorimétrique

N°	a* (p= 0,006)	b* (p= 0,011)	L* (p= 0,213)
1	-5,19	+33,76	44,71
2	-3,89	+30,33	42,26
3	-6,75	+39,49	48,82
4	-3,89	+27,53	38,31
5	-3,33	+19,57	38,04
6	-4,01	+28,84	43,79
7	-4,066	+25,75	41,37
8	-3,16	+27,41	41,79

- Partie II du tableau 12

Selon les résultats obtenus il semble que le prétraitement des cladodes de figue de barbarie influence d'une manière significative la couleur des produits finis déshydratés. En effet, l'écart colorimétrique global ΔE^* entre les échantillons témoins et ceux qui ont subi un prétraitement est de 8,78. L'analyse statistique a montré que l'écart entre les coordonnées de chromaticités issues des différentes expériences est significative ($p<0,05$). Les observations montrent également que tous les échantillons sont présents dans le quadrant de couleur vert- jaune (**figure 21**). Cependant, pour l'indice de chromaticité a* qui exprime la variation de la couleur entre le rouge et le vert, seule la durée du blanchiment semble avoir un effet significatif ($p=0,04$).

L'analyse du diagramme des effets principaux (**annexe**) montre que lorsqu'on augmente la durée du blanchiment, a* passe de -4,93 à -3,64. Cette chute de l'intensité verdâtre des cladodes est probablement due à la perte en pigments chlorophylliens qui sont thermosensibles (**Chefftel, 1976**).

L'analyse de la variance des effets des opérations de prétraitement sur l'indice de coloration b* montre que tous les facteurs à l'exception de l'épiderme jouent un rôle important dans la perception de l'aspect jaunâtre des cladodes. Alors que, les indices de luminance L* issus des différentes expériences ne semblent pas présenter un écart significative ($p=0,213$). L'analyse du diagramme de Pareto des effets (**figure 22.c**) expose l'importance de la durée de blanchiment, la concentration en sulfite de sodium et la température de conservation des cladodes comme des facteurs significatifs influençant la brillance des échantillons au cours du séchage.

Figure 21: Effet du prétraitement sur la coloration des cladodes de figue de barbarie

L'effet de ces opérations de prétraitement sur la couleur des produits déshydratés est dû à l'altération des cellules et à la modification de la perméabilité de leurs membranes ce qui entraine l'oxydation enzymatique et photochimique de leurs pigments chlorophylliens et des caroténoïdes **(Chefftel, 1976)**, et par conséquent affecte l'écart de la couleur entre les produits frais et ceux prétraités lors de la déshydratation.

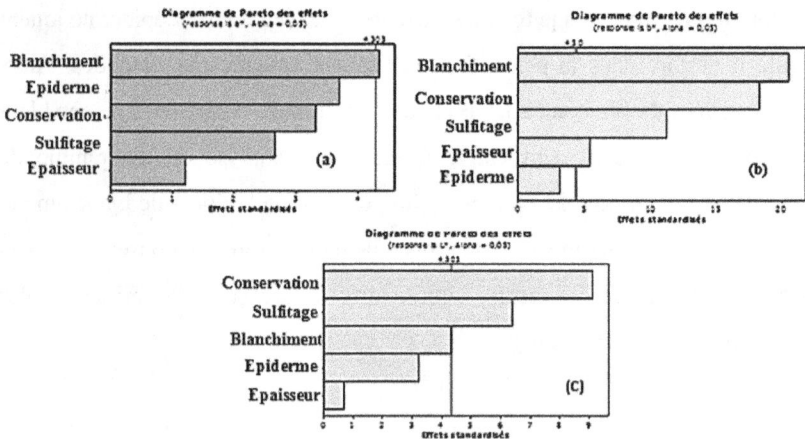

Figure 22: Diagrammes de Pareto des effets des prétraitements sur les paramètres colorimétriques des Cladodes : (a) indice a*, (b) indice b*et (c) indice L*.

72

L'analyse du diagramme des effets des opérations de prétraitement sur l'écart colorimétrique globale ΔE* (annexe) montre que pour avoir un produit fini qui se rapproche le plus de la couleur des raquettes fraiches il faudrait envisager d'éviter l'opération d'épluchage, de réduire l'épaisseur de coupe à 1cm, de blanchir le produit pendant 5 min puis de passer par une étape de sulfitage à 2 % et ceci pour un échantillon congelé.

3- Influence des opérations de prétraitement sur le rétrécissement des produits déshydratés :

Lors d'une opération de séchage thermique les produits agro-alimentaires se contractent et subissent un retrait. Les courbes de la **figure 23** montrent l'influence du prétraitement des cladodes d'*Opuntia* séchées en étuve à 60°C, sur la variation de l'épaisseur adimensionnelle (ép t/ épi) en fonction du temps.

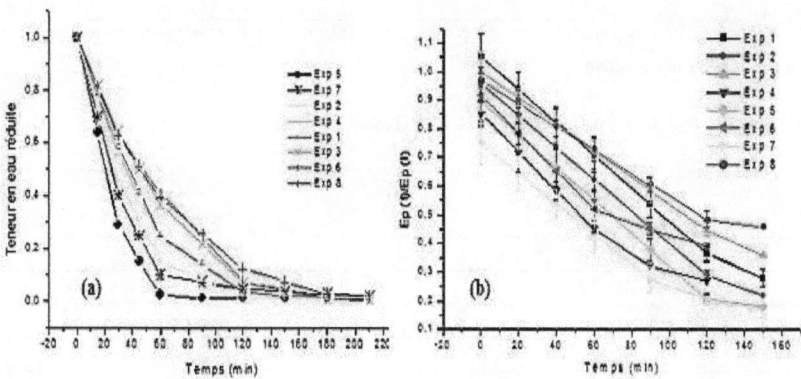

Figure 23 : Effet du processus de prétraitement sur la teneur en eau (a) et le taux de rétrécissement (b) des raquettes de figues de barbarie lors de l'opération de séchage.

Tableau 13: Plan expérimental à 5 facteurs et à 8 expériences : Effet du prétraitement sur la variation de l'épaisseur des cladodes d'*Opuntia ficus indica* après 3 heures de séchage à 60°C.

N°	Moy	F1	F2	F3	F4	F5
1	+	-	-	-	+	+
2	+	+	-	-	-	-
3	+	-	+	-	-	+
4	+	+	+	-	+	-
5	+	-	-	+	+	-
6	+	+	-	+	-	+
7	+	-	+	+	-	-
8	+	+	+	+	+	+
Coef 1	0,296	0,038	0,028	0,013	0,001	0,076
Coef 2	0,075	-0,005	-0,003	0,008	0,001	-0,009

F1= Epiderme, F2 = Epaisseur, F3 = Durée de blanchiment, F4 : Concentration de sulfitage, F5 : Température de conservation.

Variation de l'épaisseur et de la vitesse

épf/épi	Vi (g/gM.s min-1)
0,28	0,073
0,22	0,082
0,36	0,066
0,27	0,074
0,18	0,098
0,39	0,064
0,21	0,086
0,46	0,062

Partie II du Tableau 13 - *épf/épi : épaisseur finale / épaisseur initiale, Vi : vitesse initiale de séchage (g/g M.s min-1)

Les résultats montrent qu'il existe une influence importante du prétraitement sur le taux de retrait des cladodes comparé à celui des échantillons témoins (p <0,05). En effet, le prétraitement du produit a altéré le tissu végétal et a éliminé la résistance des parois cellulaires ce qui a permis d'accélérer d'une manière significative la perte d'eau. En effet, les cladodes prétraitées ont perdue 70 % de leurs épaisseurs initiales comparées aux échantillons témoins dont le taux de rétrécissement n'a pas dépassé les 31 %. Ces résultats sont conformes à ceux trouvés par (**Ndir, 2005**) lors du séchage solaire des tomates, qui a montré que le prétraitement des tomates permet d'améliorer la diffusivité de l'eau et d'affecter le phénomène de retrait du produit. L'évolution du rétrécissement suit la même cinétique que celle de la teneur en eau réduite en fonction du temps (**figure 23**). On constate, au fur et à mesure que le produit perd de l'eau, il se rétrécit et ses cellules s'aplatissent. Il est à noter également que plus cette vitesse est élevée plus, il y'a un durcissement de la surface du produit, ce phénomène de croutage présente une influence importante sur le retrait (**Ndir, 2005**). L'analyse de la variance (p à 5 %) montre que c'est la congélation suivie de la présence de l'épiderme et l'épaisseur du produit qui influencent le plus le dégrée de rétrécissement au cours du séchage. L'effet de la durée du blanchiment ainsi que celui de la concentration de la solution de sulfite de sodium ne possèdent pas d'effet significatif sur le dégrée de déformation comme le montre le diagramme de Pareto (**Figure 24**).

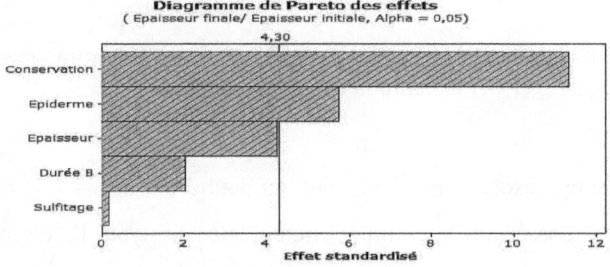

Diagramme de Pareto des effets
(Epaisseur finale/ Epaisseur initiale, Alpha = 0,05)

Figure 24 : Diagramme de Pareto des effets du prétraitement sur le rétrécissement des Cladodes d'Opuntia au cours du séchage

En tenant compte des effets du prétraitement sur la cinétique de séchage, du changement de couleur ainsi que de la déformation des cladodes au cours du séchage. Les meilleurs résultats sont obtenus avec des raquettes conservées à une température de 4 °C découpées en morceaux de 1 cm d'épaisseur, blanchies pendant 3,30 minutes puis sulfité par macération dans une solution de sulfite de sodium à 2 % pendant 20 minutes.

IV-Isotherme de désorption des cladodes prétraitées

1- Lissage des isothermes

L'activité de l'eau *aw* dans un produit dépend principalement de sa teneur en eau et de sa température. La **figure 25** présente les données expérimentales des teneurs en eau d'équilibre de désorption des cladodes d'*Opuntia* ficus indica prétraitées pour des températures (40, 50,60 et 70°C).

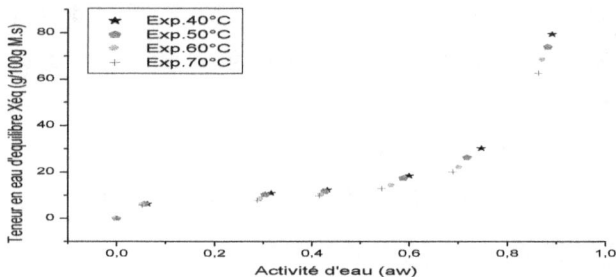

Figure 25: Courbes expérimentales des isothermes de désorption des cladodes d'*Opuntia ficus indica* prétraitées.

L'équilibre hygroscopique a été atteint au bout d'une semaine et de 12 jours. Les courbes possèdent une allure sigmoïdale de type II ce qui est en concordance avec le comportement de la plupart des produits agroalimentaires tel que les fruits, les légumes et les plantes aromatiques. Les courbes

expérimentales montrent que pour une même activité de l'eau, la teneur en eau
d'équilibre augmente lorsque la température diminue ce qui est en accord avec
la littérature **(Maroulis et al, 1988)**. Devant la complexité des phénomènes
intervenant lors de la sorption de l'eau, différents modèles mathématiques
simplifiés ont été proposés. La **figure 26** présente le lissage des données
expérimentales à 50°C avec les modèles de GAB et de BET.

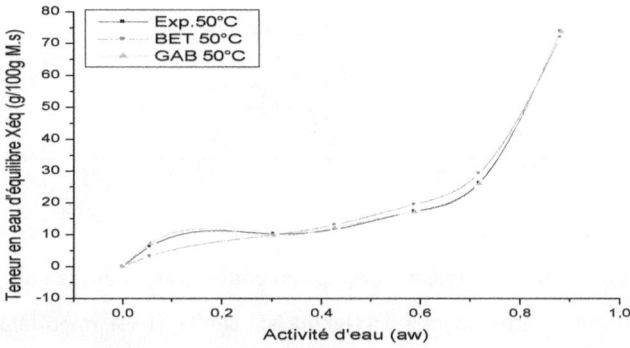

Figure 26: Comparaison entre les résultats expérimentaux (T= 50°C) et ceux
prédits par les différents modèles testés.

D'après les résultats de la régression non linéaire des isothermes de désorption
des cladodes de figue de barbarie prétraitées, les coefficients de corrélation des
modèles testés sont assez proches et varient de [0,990 à 0,998]. Cependant,
l'analyse de l'erreur moyenne relative (EMR) et de l'erreur standard de la teneur
en eau du produit a permis de choisir le modèle de GAB car il a permis de
prédire la teneur en eau à l'équilibre dans le domaine d'activité allant de 0 à 90
%. Les trois paramètres de l'équation de GAB (Xm, C, K) dépendent des
caractéristiques du produit et de la température d'équilibre. Les valeurs de ces
paramètres relatives aux différentes températures sont données dans le **tableau
14**.

Tableau 14: Coefficients de l'équation de GAB des Cladodes d'*Opuntia* à différentes températures

Température	40°C	50°C	60°C	70°C
Xm (Kg/Kg M.s)	0,0721	0,0688	0,0575	0,0545
K	1,022	1,028	1,050	1,058
C	6,632	9,872	8,357	7,991
EMR (%)	4,946	4,056	4,780	6,080
EST	0,0023	0,006	0,0022	0,0028

La teneur en eau de la monocouche *Xm* montre une décroissance progressive lorsque la température augmente, ceci est en concordance avec le comportement d'autres produits agroalimentaire **(Hermassi, 2008)**. Il est important de noter que la stabilité du produit déshydraté est inversement proportionnelle à sa teneur eau. Dès lors dans le cas des raquettes blanchies et sulfitées la teneur en eau optimale pour une stabilité maximale correspond à la valeur de Xm de 0,0632 Kg /Kg M.s qui correspond à la moyenne de la gamme de température étudiée. Cette valeur est inférieure à celle trouvée dans la littérature pour le même produit **(Lahsani, 2003)**, ceci est probablement lié au prétraitement subit par les cladodes. Ces résultats sont en accord avec d'autres travaux **(Hermassi, 2008)** .Le modèle de GAB permet non seulement de calculer la teneur en eau de la couche mono- moléculaire mais de déterminer la chaleur de sorption de la monocouche et de la multicouche. Le **tableau 15** présente les paramètres caractéristiques qui résument l'interaction eau –produit.

Tableau 15 : Paramètres caractéristiques des constantes C et K du modèle de GAB issues des isothermes de désorption.

	C_0	ΔH_1 (KJ/mol)	K'	ΔH_2 (KJ/mol)
Cladodes d'opuntia Prétraités	0,252	9,746	1,565	-1,114

C_0 et K' : constantes intrinsèques au produit.

Les valeurs de ΔH_1 et ΔH_2 représentent les valeurs moyennes de la chaleur de désorption de l'eau dans les cladodes de figue de barbarie. La valeur positive de ΔH_1 est due à l'interaction exothermique de la vapeur d'eau avec les sites primaires de désorption du fruit et la valeur négative de ΔH_2 correspond à la valeur de désorption de la multicouche.

2- <u>Estimation de la chaleur isostérique de désorption</u>

L'évaporation d'une molécule d'eau nécessite une chaleur égale à la somme de la chaleur latente de changement de phase ($\Delta h_{évp}$) et de la chaleur nette de sorption ($Q_{st,\,n}$). Cette chaleur isostérique peut être estimée à partir des courbes qui représentent, à des teneurs en eau constantes, la relation entre la température et l'activité de l'eau. L'équation des isostères de désorption est donnée par la formule de Clausius –Clapeyron :

$$\text{Ln (aw)} = -\left(\frac{Qst,n}{R}\right)\left(\frac{1}{T}\right) + \text{Const}$$

$Q_{st,\,n}$: Chaleur isostérique de désorption (KJ/mol)

T : température (Kelvin).

R : Constante du gaz parfait.

Const : ordonnée à l'origine.

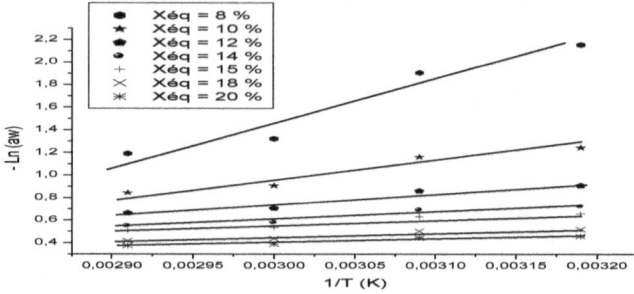

Figure 27: Isostère de désorption des cladodes d'opuntia ficus indica prétraités entre 40°C et 70°C

D'après les pentes des isostères (**figure 27**), il est possible de tracer la courbe $Q_{st, n} = f(X)$ (**figure 28**). Ces courbes montrent que la chaleur isostérique est plus importante lorsque la valeur de la teneur en eau est faible, ce qui illustre la forte liaison de l'eau avec la matière sèche. Cette énergie devient de plus en plus négligeable pour les humidités élevées. Le lissage des valeurs expérimentales à donner naissance à un polynôme de dégrée 3 à ($R^2 = 0,990$) :

$Q_{st, n}$ (désorptions) = $-5.40481E+004$ Xeq^3 + $2.587967E+004$ Xeq^2 - $4.108451E+003$ Xeq + $2.20997E+002$

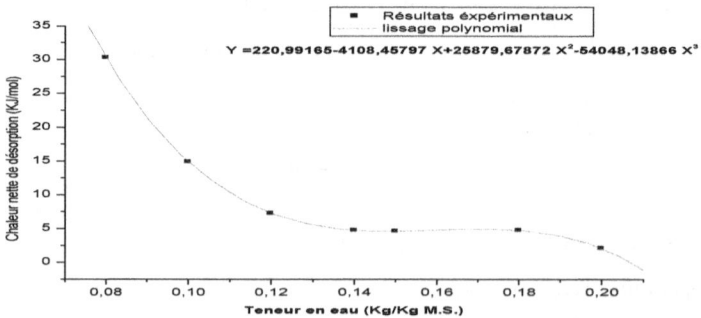

Figure 28: Variation de la chaleur de désorption en fonction de la teneur en eau à l'équilibre des cladodes prétraitées.

80

V-Influence des propriétés de l'air de séchage en soufflerie

1- Effet sur la cinétique de séchage

La **figure 29** présente l'évolution de la teneur en eau réduite des échantillons de cladodes prétraités en fonction des conditions de l'air de séchage. Ces différentes courbes montrent l'influence des conditions opératoires sur la vitesse du processus de séchage.

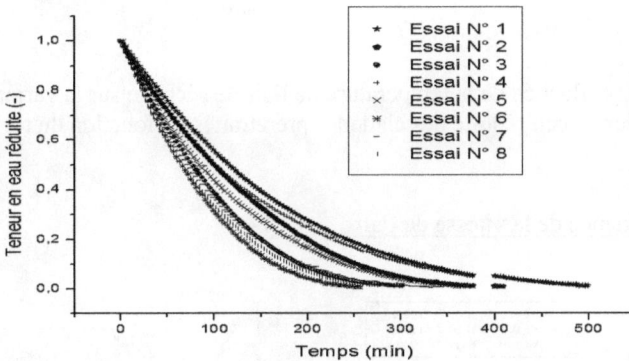

Figure 29: Evolution de la teneur en eau réduite des cladodes d'opuntia prétraités en fonction du temps pour l'ensemble des conditions testés

- Influence de la température de l'air

L'effet de la température de l'air sur la cinétique de séchage des cladodes de figues de barbarie prétraitées est montré par la **figure 30**. Une augmentation de la température du séchage conduit à une diminution de la durée de déshydratation du produit. En effet, pour les mêmes conditions de vitesse et d'humidité relative de l'air, la durée nécessaire pour atteindre une teneur en eau réduite de 0,263 à 45 °C est de 3,25 heures alors que pour les températures de 60°C et 70°C elle est respectivement de 2,65 heures et de 1,9 heure. Ceci peut être expliqué par l'augmentation de flux de chaleur apporté par l'air au produit et par l'accélération de la migration interne de l'eau.

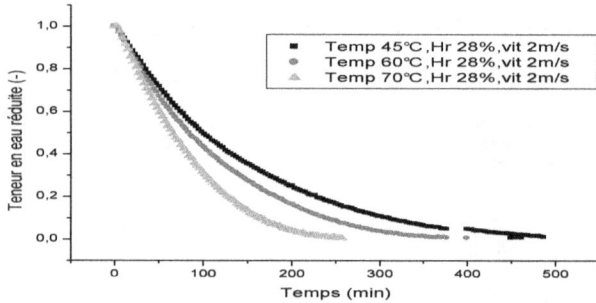

Figure 30 : Influence de la température de l'air de séchage sur la variation de la teneur en eau réduite des cladodes préretraités en fonction du temps

- Influence de la vitesse de l'air

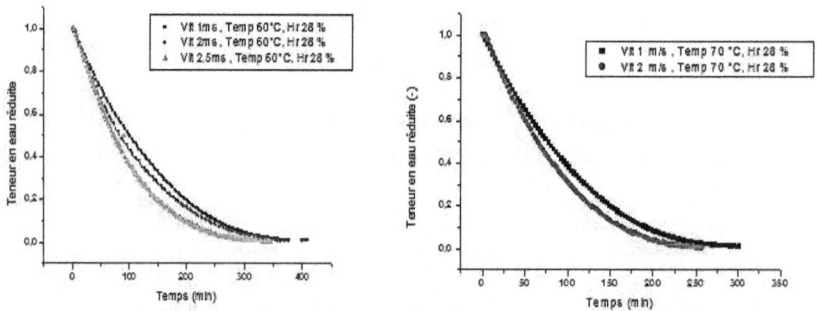

Figure 31: Influence de la vitesse de l'air de séchage sur la variation de la teneur en eau réduite des cladodes préretraités en fonction du temps

La vitesse de l'air a une influence considérable sur la cinétique de séchage des raquettes de figue de barbarie (**figure 31**). Cette influence est d'autant plus faible que la température est élevée. L'augmentation de la vitesse de l'air permet d'accélérer la vitesse de séchage en augmentant l'échange convectif. Cette influence est devenue négligeable vers la fin du séchage, ceci peut être expliqué par la diminution de la teneur en eau et par l'augmentation de la résistance interne du produit envers la migration des molécules d'eau (**Hermassi, 2008**) et la formation d'une croûte à la surface des cladodes qui réduisent la vitesse de séchage.

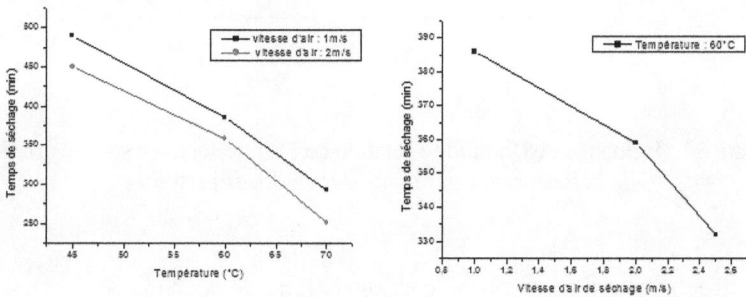

Figure 32: Influence de la température de l'air (a) et de la vitesse de l'air (b) sur le temps de séchage des cladodes de figues de barbarie.

• Influence de l'humidité relative de l'air

Le dégrée de l'humidité relative de l'air constitue un paramètre important lors du séchage des raquettes de figue de barbarie comme le montre la **figure 33**. En effet, lorsque l'humidité passe de 28 % à 15 % pour une même température et une vitesse de l'air constante la durée de séchage est réduite de plus de 40 minutes. Ces résultats sont en accord avec ceux trouvés par (**Derbal, 2008**) lors de la déshumidification de l'air à l'entrée d'un séchoir solaire. En effet, la diminution de l'humidité relative de l'air a permis de réduire le coût de l'opération de séchage des fruits comme l'abricot ou la pèche dans des régions fortement humides à cause de la réduction de la durée de l'opération.

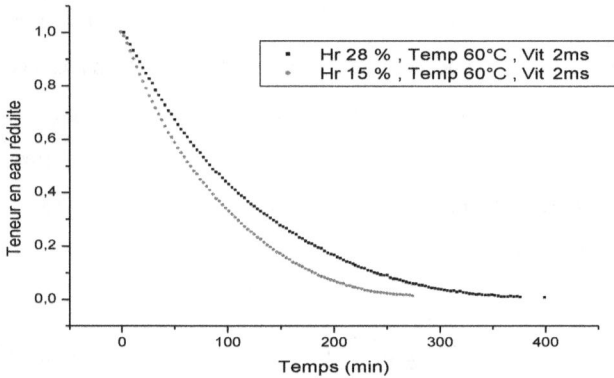

Figure 33 : Influence de l'humidité relative de l'air de séchage sur la variation de la teneur en eau réduite des cladodes prétraités

2- Recherche d'une courbe caractéristique de séchage

Le lissage des vitesses normalisées et des teneurs en eau réduite par le logiciel **CurveExpert 1.3** a permis d'avoir un regroupent des allures de séchage malgré la variation des propriétés de l'air et celle du produit . En effet, en dépit de la complexité des phénomènes, il a été possible de trouver une courbe caractéristique de séchage par normalisation convenable des résultats.

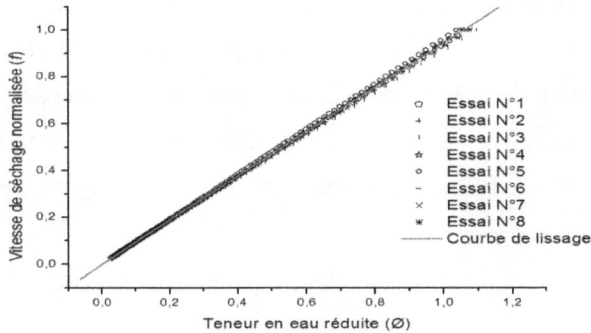

Figure 34 : Courbe caractéristique de séchage des cladodes de L'*Opuntia ficus indica* prétraités

L'équation de cette courbe (Equation caractéristique de séchage) est obtenue par lissage des points expérimentaux par une fonction polynomiale de dégrée 3 :

$$f = -5{,}14585\text{E-}3 + 0{,}94439 \ \varnothing - 0{,}094771 \ \varnothing^2 + 2{,}43377\text{E-}3 \ \varnothing^3$$

Avec : (f) : vitesse de séchage normalisée et (∅) : Teneur en eau réduite.

Cette équation est utilisée pour la caractérisation du séchage des cladodes dans une gamme de température allant de 45 à 70 °C , de vitesse d'air variant de 1 à 2,5 (m.s^{-1}) et d'une humidité variant de 15 et 28 % et d'aider à prévoir le temps nécessaire pour le séchage des cladodes et de dimensionner les séchoirs qui leurs sont destinés.

3- Effet sur la capacité de réhydratation des cladodes

Lors de la réhydratation, les courbes présentent une allure asymptotique en fonction du temps. Ces courbes peuvent être divisées en deux zones une première (aux premières 50 minutes) où il y'a une progression continue de l'eau et un gonflement du produit. Et une seconde zone à partir de la première heure où un ralentissement de la vitesse de réhydratation est observé. Les cladodes d'opuntia prétraitées assurent une capacité de réhydratation comprise entre 20,66 et 34,13 % ce qui est assez faible comparé à la capacité des cardons qui est comprise entre 53 et 112% ou celle de la courgette qui varie de 25 % à 40%. Ces résultats sont probablement liés aux différents prétraitements utilisés qui ont causé des détériorations importantes de leur tissu végétal entrainant la diminution de leur capacité à absorber l'eau.

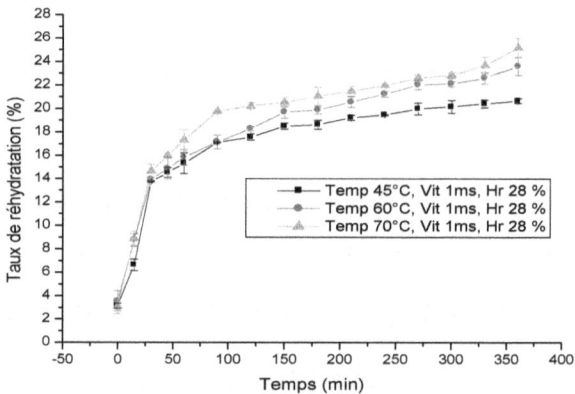

Figure 35 : Aptitude de réhydratation des cladodes d'opuntia prétraités en fonction de la température du séchage.

La **figure 35** montre l'influence de la température de séchage sur l'évolution de l'absorption de l'eau des raquettes de barbarie. La vitesse de séchage semble influencer le phénomène de réhydratation des raquettes. En effet, plus la température est élevée plus cette capacité augmente. Le taux le plus faible est obtenu pour la température de 45°C qui est de 20,66 % suivie par celle de 60°C et de 70°C qui sont respectivement de 23 et de 25 %. D'autres travaux ont confirmé ces résultats **(Medjoudj, 2003).**

La vitesse et l'humidité relative de l'air de séchage semblent aussi agir sur la capacité de réhydratation des cladodes (**figure 36**). En effet, en augmentant la vitesse de séchage, la capacité de réhydratation passe de 20,66 % à 26,11 %. En revanche, lorsque l'humidité relative de l'air décroit de 28 % à 15 %, le taux de réhydratation passe de 20,66 % à 26,37 %. Ces résultats sont en accord avec les travaux de (**Bimbnet, 2002**), qui a montré que plus la cinétique de séchage est rapide plus la réhydratation est élevée, car la dénaturation des protéines est en fonction du couple temps-température atteint durant le séchage.

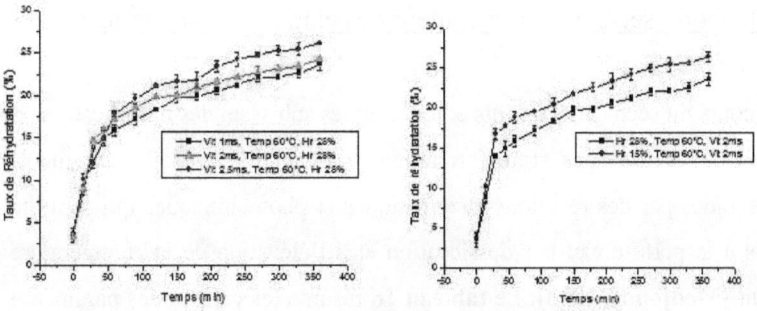

Figure 36: Aptitude de réhydratation des cladodes d'opuntia prétraitées en fonction de la vitesse de l'air (a) et de l'humidité relative à 60°C (b).

Il est important de noter qu'il y'a une assez bonne reprise de la forme du produit. Cependant, dans la plus part des échantillons la torsion n'a pas totalement disparu. Il y'a aussi une reprise de la coloration vert foncé qui est très similaire à celle du produit avant séchage et ceci pour les cladodes séchées à 45 °C et 60°C, mais pour celles traitées à 70°C, il y'a une apparition d'une coloration jaunâtre au niveau des tissus. Aucun signe de brunissement enzymatique n'a été détecté donc les prétraitements ont permis de préserver les échantillons contre l'oxydation. Cependant, un changement de la couleur de l'eau de réhydratation est observé ce qui peut être expliqué par la diffusion des pigments. Ces résultats sont compatibles avec ceux de (**Nindo et al, 2003**), qui a montré que les asperges ont retrouvé leur luminance initiale après réhydratation.

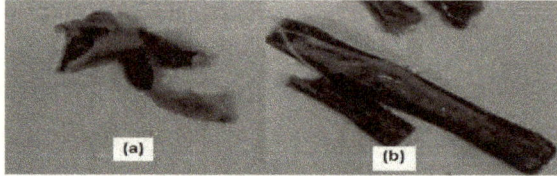

Figure 37: Réhydratation des cladodes d'opuntia : (a) avant réhydratation, (b) après réhydratation

4-Effet du séchage sur la couleur des cladodes déshydratées

Au cours du séchage, les fruits et les légumes subissent des modifications de la couleur à cause des transformations des pigments chlorophylliens et caroténoïdes par des réactions enzymatiques et photochimiques qui sont dues à la fois à la perte d'eau par dessiccation et à l'élévation de la température du produit (**Medjoudj, 2003**). Le **tableau 16** résume les valeurs des paramètres de couleur des cladodes d'*opuntia* fraiches, prétraitées et séchées en soufflerie jusqu'à 25 % d'humidité relative à 45°C, 60°C et 70°C à une vitesse d'air de 1m/s et une humidité relative de 28 %.

Tableau 16: Evolution des paramètres colorimétrique en fonction de la température de l'air de séchage pour V= 1m/s et HR= 28%.

	Cladodes fraiches	Cladodes prétraitées	45°C	60°C	70°C	p
a*	-16,1 ± 0,98	-14,48± 0,5	-8,96± 0,75	-6,86± 0,15	-5,9± 0,48	<0,01*
b*	+31,96± 0,25	+27,06± 1,11	+25,97± 1,6	+28,81± 1,36	+27,78± 2,7	0,239

L*	55,68 ± 1,3	59,07± 1,16	37,7± 2,59	39,90± 2,25	44,14± 3,12	<0,01*
ΔE*	-	8,38	20,28	18,49	15,95	<0,01*

Les cladodes de figue de barbarie prétraitées et séchées présentent un écart de couleur moyen ΔE* de 18,23 avec les cladodes fraîches. En effet, selon les résultats obtenus la variation de la température de l'air de séchage affecte d'une manière significative (p<0,01) la couleur des cladodes.

Figure 38: Effet de la température de séchage sur la couleur des Cladodes d'opuntia déshydratées

Cette différence de couleur est surtout due à la diminution de la luminescence du produit et à la perte de son intensité verdâtre. Pendant le séchage d'un produit composé de pectine, des résidus insaturés tels que l'acide galacturonique sont formé suite à la dégradation de la pectine. Ces résidus de galacturonides vont subir des modifications par décarboxylation où par déshydrogénation ce qui forme des composés de couleur brune et sombre (Ghrib, 2009) et donne des valeurs de L* faibles. L'augmentation de la température de séchage permet de réduire la durée de l'opération et par conséquent de préserver la luminescence du produit. Ces résultats sont en accord avec ceux trouvés lors du séchage du raisin (Ghrib, 2009).

En revanche, la variation de la température ne semble pas influencer l'indice de chromaticité b* qui reste dans le quadrant de couleur jaune (p=0,239). Le même résultat est observé par **(Boudhioua et al, 2008)** lors du séchage des feuilles d'olivier.

5-<u>Effet sur la qualité microbiologique des cladodes séchées</u>

La majorité des fruits et légumes sont cultivés dans un milieu naturel, par conséquent ils peuvent être exposés à une vaste gamme de micro-organismes notamment les bactéries et les levures et moisissures. En générale, ces micro-organismes ne représentent pas de danger pour la santé humaine, par contre ils peuvent dégrader la qualité de l'aliment. Les bactéries, les levures et les moisissures ainsi que les parasites peuvent contaminer les fruits et les légumes par diverses façons. Ils peuvent avoir comme origines le sol, l'eau d'irrigation, l'équipement d'agriculture, l'homme et les animaux (excréments d'animaux utilisés comme engrais) **(Desbordes, 2003)**.

Afin d'étudier l'effet des propriétés de l'air de séchage sur la microflore des cladodes de figue de barbarie des analyses microbiologiques ont été établies. Les effets de la variation de la température et de la vitesse de séchage pour une même humidité relative de l'air sur la flore mésophile totale, les levures et moisissures ainsi que les coliformes totaux sont représentés par la **figure 39**.

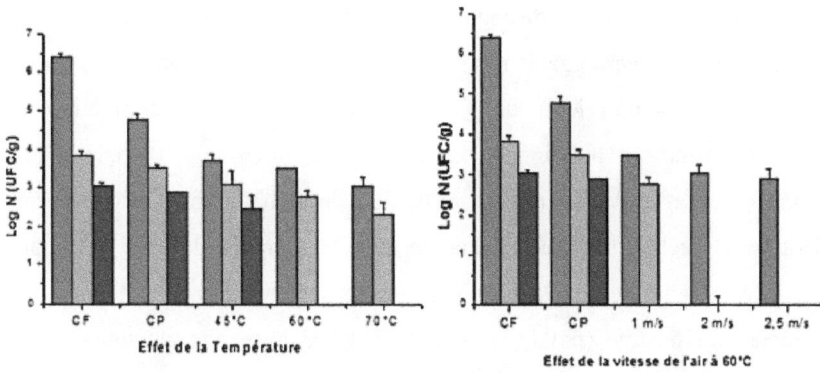

Figure 39: Effet des propriétés de l'air de séchage sur : ▬ la flore mésophile totale, ▭Les levures et moisissures et ▬ les Coliformes totaux.

Le dénombrement microbiologique indique que le prétraitement a influencé d'une manière significative le nombre de colonies de la flore mésophile totale et des coliformes totaux initialement présents dans les cladodes fraiches. En revanche, les opérations de prétraitement ne semblent pas affecter les levures et moisissures (p=0,160). En effet, l'analyse des résultats montrent que le prétraitement à réduit la flore totale d'un facteur de 30 alors que le nombre de colonie des levures et moisissures ainsi que celui des coliformes totaux n'a diminué que de 0,46 et 0,25 unités logarithmiques respectivement. Ceci peut être dû à l'effet du blanchiment et à l'opération de sulfitage.

Selon (**Alzamora et al, 1993**), l'exposition des fruits et légumes à des températures élevées durant le blanchiment peut réduire la charge de levures et la plupart des moisissures ainsi que le nombre des microorganismes aérobies. De même, l'opération de sulfitage a un double objectif : elle permet d'inhiber le phénomène d'oxydation et d'inhiber la croissance des microorganismes.

Le séchage influence la qualité microbiologique des cladodes indépendamment des propriétés de l'air de séchage. En effet, la déshydratation des cladodes réduit la disponibilité de l'eau nécessaire pour l'activité métabolique des microorganismes ce qui entraine leur inhibition voir leur mort. Par contre, les propriétés de l'air affectent le taux de destruction des microorganismes en fonction de la nature de la microflore. L'analyse de la variance de l'effet de la température de l'air de séchage sur la microflore des cladodes permet de dire que l'élévation de la température de 45 à 70 °C pour une vitesse d'air de 1 m/s n'influence pas la flore mésophile totale d'une manière significative (p=0,063) dont le nombre reste aux alentours de 10^4 UFC/g. Cependant, l'augmentation de la température de l'air permet de réduire significativement la charge des levures et des moisissures ainsi que d'éliminer la totalité des coliformes.

De même, l'augmentation de la vitesse de l'air de 1m/s à 2,5 m/s à 60°C permet de réduire la flore mésophile totale de 0,5 unité logarithmique, mais cet effet reste non significatif (p=0,09). Ces résultats sont conformes avec ceux trouvés par (**Hassini, 2000**) lors du séchage convectif des carottes et des pommes de terre. En effet, pour une même durée de séchage plus la cinétique de déshydratation est élevée plus le produit fini présente une activité de l'eau faible ce qui augmente la déstabilisation des microorganismes et rend leur milieu de croissance encore plus hostile.

- Evaluation de la qualité Microbiologique des cladodes

Pour évaluer la qualité microbiologique globale des cladodes de figue de barbarie au cours du procédé de séchage convectif un plan d'interprétation à 3 classes selon la norme tunisienne NT 16,39 (1988) a été utilisé. Les résultats de l'évaluation microbiologique sont résumés dans le **tableau 17**. Les analyses montrent que les étapes du prétraitement combinées à un séchage à 60 °C, une vitesse d'air de 1m/s et une humidité relative de 28 % permettent d'obtenir un produit de qualité microbiologique satisfaisante. Cependant, le séchage à 45°C n'a pas permis d'éliminer les coliformes totaux et de réduire le nombre de colonies des levures et moisissures ce qui diminue la qualité du produit de satisfaisant à acceptable.

Tableau 17: Evaluation de la qualité microbiologique au cours du procédé de séchage -

Microorganismes		FMT	LM	CT	Qualité
	3m	$9\ 10^5$	$3\ 10^3$	$3\ 10^2$	globale
Normes UFC/g	10m	$3\ 10^6$	10^4	10^3	
Cladodes Fraiche	Ufc/g	$3,12\ 10^6$	$6,28\ 10^3$	$1,4\ 10^3$	A*
	Qualité	Acceptable	Acceptable	Acceptable	
Cladodes Prétraitées	Ufc/g	10^5	$4,14\ 10^3$	$8\ 10^2$	A
	Qualité	Satisfaisante	Satisfaisante	Acceptable	
45°C/ 1ms/28 %	Ufc/g	$8\ 10^3$	$3,2\ 10^3$	10^2	A
	Qualité	Satisfaisante	Acceptable	Acceptable	
60°C/ 1ms/28 %	Ufc/g	$3,8\ 10^3$	$6\ 10^2$	0	S*
	Qualité	Satisfaisante	Satisfaisante	Satisfaisante	
70°C/ 1ms/28 %	Ufc/g	$2,6\ 10^3$	$2\ 10^2$	0	S
	Qualité	Satisfaisante	Satisfaisante	Satisfaisante	
60°C/ 2 ms/28 %	Ufc/g	$2\ 10^3$	0	0	S
	Qualité	Satisfaisante	Satisfaisante	Satisfaisante	
60°C/ 2,5 ms/28 %	Ufc/g	$1,6\ 10^3$	0	0	S
	Qualité	Satisfaisante	Satisfaisante	Satisfaisante	

*UFC : Unité formant Colonie - A : Acceptable – S : Satisfaisante

VI- Le séchage solaire des cladodes d'*Opuntia ficus indica*

Lors du séchage des fruits et des légumes il est important de fixer une teneur en eau finale qui permet d'avoir une bonne durée de conservation (supérieure à 3 mois) mais aussi de garder les propriétés organoleptiques et sensorielles du produit fini. Dans la partie qui suit on va essayer d'estimer la puissance et la surface de captation d'un séchoir solaire indirect en se basant sur une teneur en eau finale de 15 % et une durée de séchage de 2 jours (8 heures par jour) des cladodes d'Opuntia prétraitées.

1- Estimation de la puissance de séchage nécessaire

Pour pouvoir estimer l'énergie nécessaire au séchage des cladodes prétraitées il faut déterminer les propriétés de l'air de séchage aux différents endroits du séchoir et ceci selon la **figure 40**.

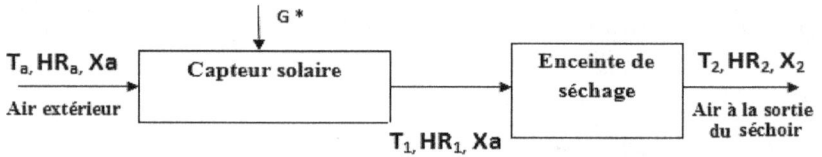

Figure 40: Schéma de principe d'un séchoir convectif

T : température de l'air (°C);

HR : humidité relative de l'air (%) ;

X : humidité absolue de l'air (g vapeur d'eau / Kg air sec) ;

G* : rayonnement solaire reçue par le capteur (W/m^2) ;

a : Air à l'entrée du capteur ; **1** : Air à la sortie du capteur   ;

2 : Air à la sortie de l'enceinte de séchage.

L'air subit un échauffement à pression constante dans le capteur solaire puis une humidification lors de son passage par l'enceinte de séchage. On dispose alors des relations suivantes : $T_2 = T_{h1}$ et $Xa = X1$ pour calculer les propriétés de l'air à partir du diagramme de l'air humide. Avec T_{h1} : Température humide de l'air à la sortie du capteur en °C. Pour pouvoir réaliser l'opération de séchage des cladodes de figues de barbarie, il faut donc avoir une circulation d'air chauffé qui va entrainer la vapeur d'eau extraite du produit. Le **tableau 18** présente les propriétés de l'air à l'entrée et à la sortie du capteur ainsi que celle de l'air à la sortie de l'enceinte de séchage.

Tableau 18: Propriétés de l'air de séchage à différents points du séchoir indirect

	T sèches (°C)	T Humide (°C)	Hr (%)	X absolue (g eau/kg air sec)	En*
Point a	21,67	17,067	63,42	10,26	47,58
Point 1	60	27,80	8,24	10,26	86,71
Point 2	27,80	23,49	69,92	16,48	69,59

*En : Enthalpie spécifique (KJ/Kg air)

Pour une vitesse de déshydrations moyenne Vse = 0,250 kg eau /heure, un débit d'air de 33,49 m^3/heure chauffé à 60°C serait suffisant pour sécher les 5 kg de cladodes prétraitées. Le séchoir va nécessiter une puissance de 0,437 Kw soit une énergie solaire de 6,989 Kwh. Ces résultats sont conformes à ceux trouvé par Ferradji lors du séchage solaire de raisins sultanine **(Ferradji, 2008)** et par le même auteur lors du séchage de figues **(Ferradji, 2011)**. Pour pouvoir valider ces résultats, le calcul de la chaleur de désorption de la multicouche H_n et la chaleur isostérique ont été déduit à partir du lissage des isothermes de désorption des cladodes d'*Opuntia*. En effet, selon l'expression suivante $\Delta H_2 = H_L - H_n$, avec H_L la chaleur de condensation de l'eau qui est de 43,980 KJ/mole on aura Hn = 45,09 KJ /mole. Ainsi, pour réduire la teneur en eau de 5 kg de cladodes prétraités de 95 % à 15 % il faut un minimum d'apport d'énergie de 2,783 Kwh. De même, en se basant sur la courbe de variation de chaleur isostérique nette en fonction de la teneur en eau (**figure 28**) il faudrait une énergie de 2,998 Kwh pour atteindre 15 % d'humidité. Ces résultats sont compatibles avec les travaux élaborés sur la banane, les dattes et la pomme.

2- Estimation de la surface de captation solaire minimale :

Pour pouvoir calculer le coefficient de déperdition thermique à l'avant du capteur il faut connaitre la température moyenne de l'absorbeur. Nous avons posé la température de l'absorbeur en se basant sur l'abaque des produits de la société STOPS soit 67,53°C pour une température moyenne de sortie du capteur de 60°C. En tenant compte des propriétés métrologiques de l'INSAT (**annexe**), U_{avant} est estimé à 6,13 W/m²K. Le coefficient de déperdition arrière est calculé comme suit : $U_{arrière}$ = Kis/eis où Kis : capacité d'échange thermique du polyuréthane qui est de 0,03 (W/m²K) et eis : épaisseur du polyuréthane en (m). Soit $U_{arrière}$ = 0,6 (W/m²K). En se basant sur le rayonnement solaire incident moyen du mois de mars jusqu'au mois de septembre d'une année type et des propriétés optiques du vitrage à utiliser, la surface de captation théorique minimale serait de 2 m², soit un capteur de 2 m de longueur et 1 m de largeur. Pour une épaisseur du canal de passage de l'air de séchage de 0,04 (m), le régime d'écoulement du fluide caloporteur obtenu est transitoire et ceci pour une vitesse à l'entrée du capteur de 2 m/s ce qui donne un nombre de Reynolds de 9 448, un nombre de Nusselt de 33,4 et un coefficient de transfert convectif entre l'air et l'absorbeur de 11,5 (w/m²K). Les propriétés thermiques du capteur sont semblables à ceux estimé par (**Headley, 1997**) lors du dimensionnent d'un insolateur pour le séchage des denrées alimentaire en Espagne.

3- Effet du rayonnement sur le rendement du capteur solaire :

Un suivi du comportement thermique des différents composants du capteur solaire ont été faite durant une journée ensoleillée du mois de Mai à l'atelier de fabrication du séchoir. Les mesures ont étés faite de 9 h du matin jusqu'à 17 h du soir et les points ont été pris à un intervalle de 5 min. La **figure 41** montre la variation de l'ensoleillement globale (W/m²) et du rendement thermique du capteur solaire. L'intensité lumineuse montre deux phases importantes : une phase croissante de 9 h jusqu'à 12 h 30, et une seconde phase décroissante qui commence à partir de 13 h de l'après-midi. La valeur maximale du flux solaire reçu durant cette journée a été de 979 w/m² et ceci pour une période allant de 11 h à 13 h. Pour ce qui est de la variation du rendement thermique du capteur elle semble suivre la même allure que celle de la courbe de l'éclairement. Le capteur présente un rendement variant de 32 % à 46 % et rarement des résultats dépassant les 50 %. Le rendement maximal du capteur est atteint aux alentours de 13 h.

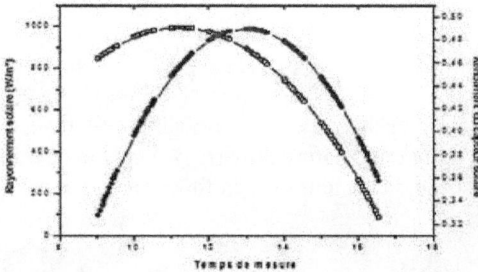

Figure 41: variation du rayonnement solaire et du rendement du capteur en fonction du temps : données lissées

La **figure 42** illustre la variation des températures des différents éléments du capteur, l'allure des courbes de la variation des températures est la même et suit d'une manière générale l'évolution de l'énergie solaire globale.

En effet, les températures augmentent avec le rayonnement solaire jusqu'à atteindre leurs valeurs respectifs maximales soit 87°C pour l'absorbeur et 75°C pour l'air à la sortie du capteur, aux environs de 13 h puis chutent pour le reste de la journée. La température de l'absorbeur est toujours plus élevée que celle de l'air à la sortie du capteur à cause des pertes de chaleur par les faces latérales et l'arrière du capteur. Les résultats observés montrent qu'il faut un ensoleillement minimale de 700 W/m² pour avoir une température de sortie de l'air de séchage suffisant et un rendement thermique supérieur à 35 % adéquat au séchage des fruits et légumes et ceci pour une vitesse de l'air de séchage ne dépassant pas les 1 m/s.

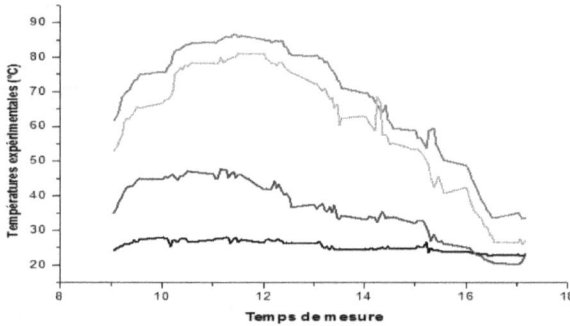

Figure 42: Variation de la température ambiante (—), de la température de l'absorbeur (—), de la température du vitre (—) et la température de l'air à la sortie du capteur (—) en fonction du temps.

4- L'étude de la cinétique de séchage des cladodes dans un séchoir solaire

Les mêmes quantités de cladodes prétraitées ont été déposées sur les 1ères, 3èmes et 5èmes claies de la chambre de séchage. Le suivi de la variation de leurs masses humides a été réalisé durant 7 heures afin d'étudier l'influence de l'emplacement sur la cinétique de séchage (**figure 43**). Les cladodes déposées sur les 1ères et 3èmes claies sèchent plus rapidement que celles déposées sur la dernière claie du séchoir. En effet, pour atteindre les 15 % d'humidité les raquettes des deux premières claies nécessitent une durée moyenne de 340 min alors que pour la même durée les cladodes de la dernière claie sont à 24,3 % d'humidité. De même, l'analyse de la variance de la vitesse de séchage en fonction de la teneur en eau réduite montre qu'il existe un effet significatif de la disposition des raquettes sur la variation de leurs vitesses de séchage. En effet, les cladodes de la 1ère et 3ème claies présentent une vitesse de déshydratation initiale de 0,08 (g eau/g M.s min$^{-1)}$ et 0,067 (g eau/g M.s min^{-1}) respectivement comparé à une vitesse de 0 ,054 (g eau/g M.s min^{-1}) pour les cladodes de la 5ème claie. Ces résultats sont en accord avec ceux trouvés dans la littérature pour le séchage solaire des pommes de terre **(Youcef et Moummi, 2008).** Cette différence peut être expliquée par la diminution de la température de l'air de séchage et l'augmentation de son hygrométrie lors de son passage d'une claie à une autre ce qui réduit son pouvoir évaporatoire. Dès lors, pour pouvoir améliorer la cinétique de séchage et réduire la durée de l'opération, il serait plus judicieux d'étaler le produit sur les trois premières claies du séchoir.

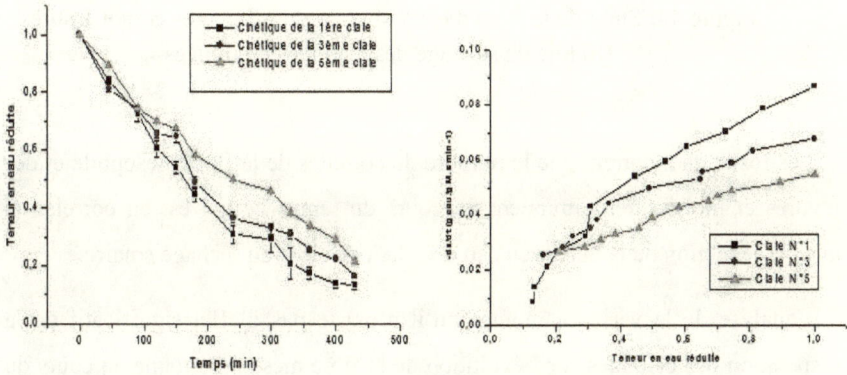

Figure 43: variation de la teneur en eau réduite en fonction du temps (a) et de la vitesse de séchage en fonction de la teneur en eau réduite (b) pour des cladodes séchées sur la 1ère, 3ème et 5ème claie du séchoir solaire.

5- Effet du séchage solaire sur la qualité microbiologique des cladodes

L'effet de la disposition des cladodes prétraitées sur l'évolution de la flore mésophile totale ainsi que sur les levures et moisissures au cours du séchage est représenté par la **figure 44.**

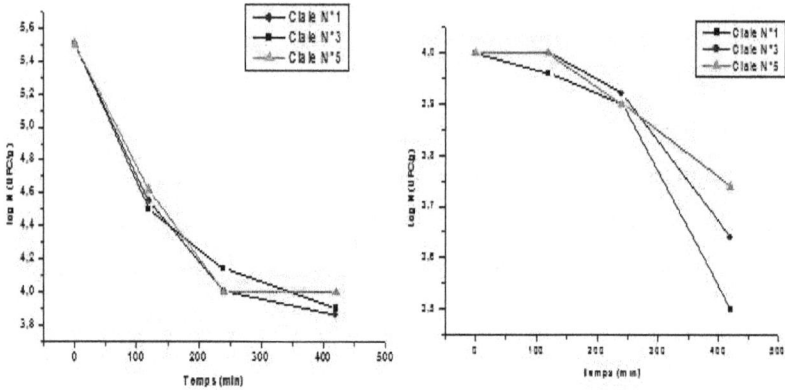

Figure 44: Suivi de la flore mésophile (a) et des Levures et moisissures
(b) lors du séchage des cladodes prétraitées

Les résultats montrent que le nombre de colonies de la flore mésophile et des levures et moisissures diminuent au cours du temps ce qui est en corrélation avec la réduction de la teneur en eau des cladodes lors du séchage solaire.

L'analyse de la variance montre qu'il n'existe pas d'effet significatif de la disposition des cladodes sur l'évolution de la flore mésophile totale au cours du séchage (p=0 ,05), en revanche l'évolution du nombre de colonies des levures et moisissures semblent être significativement affecté par l'ordre des claies et ceci à partir des 2 premières heures de séchage (p=0,04).

Le séchage solaire a aussi permis d'éliminer la totalité des coliformes et ceci quel que soit l'ordre de la claie utilisée.

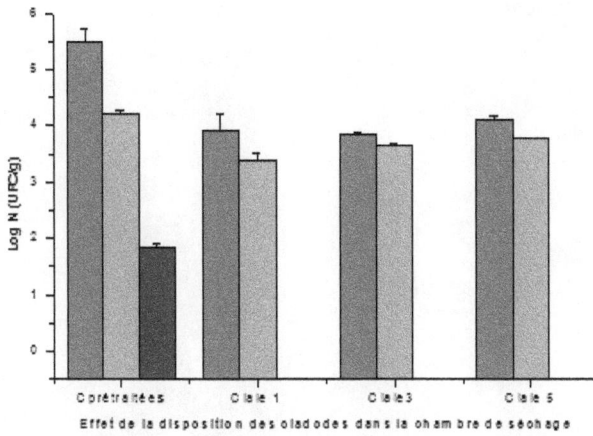

Figure 45: Effet du séchage solaire sur la qualité microbiologique des cladodes d'*Opuntia* prétraitées ▬ la flore mésophile totale, ▭Les levures et moisissures et ▬ les Coliformes totaux.

CHAPITRE IV :

Conclusion Générale

Les caractéristiques physico-chimiques et nutritionnelles des cladodes de figue de barbarie ainsi que leur disponibilité font de ce produit une alternative intéressante pour la fabrication d'aliments multifonctionnels et diététiques. L'objectif de ce travail est de les stabiliser par séchage afin de pouvoir les valoriser.

Dans une première étape, plusieurs opérations de prétraitements ont été testées. Les effets de l'épluchage, de l'épaisseur de la coupe, de la durée du blanchiment, de la concentration de sulfite de sodium et de la température de conservation sur la cinétique de séchage, la couleur et le taux de retrait du produit déshydraté ont été déterminés. L'analyse de la variance des durées de l'opération de séchage montre que la congélation, l'épluchage et le blanchiment accélèrent la cinétique de séchage des cladodes. Et que le sulfitage pendant 20 min, le blanchiment à la vapeur pendant 3,3 min des produits dont l'épaisseur ne dépasse pas 1cm d'épaisseur qui ont été préalablement stockés à 4°C préserve la couleur et la forme des produits déshydratés.

Dans une seconde étape les isothermes de désorption des cladodes prétraitées ont été réalisées pour des températures de 40, 50, 60 et 70°C en adoptant la méthode gravimétrique statique ce qui a permis de déduire la teneur en eau à l'équilibre qui est de 0,0632 Kg eau/ Kg M.s. Le lissage des isothermes a montré que le modèle de GAB a été le choix le plus adéquat pour décrire l'évolution de la teneur en eau des cladodes prétraitées. Aussi, l'élaboration des isostères de désorption a permis d'estimer la chaleur de désorption en fonction de la teneur en eau à l'équilibre ciblé. En effet, pour évaporer 1 kg d'eau des cladodes prétraitées il faudrait un minimum d'apport d'énergie de 0,555 Kwh.

Ensuite, une étude des effets des propriétés de l'air de séchage sur la qualité des cladodes déshydratées a été déterminée à l'aide d'une boucle de séchage. L'augmentation de la température et de la vitesse de l'air de séchage ainsi que la réduction de son humidité relative a permis d'améliorer la durée de l'opération de séchage. Pour une température de 60 °C, une vitesse de l'air de 1m/s et une humidité relative de 28 %, les cladodes déshydratées avaient une qualité microbiologique satisfaisante et une bonne conservation des indices de couleur. En revanche, leur capacité de réhydratation était faible et n'a pas dépassé les 35 % de leur masse initiale. A partir des résultats de séchage obtenu une courbe caractéristique de séchage a été établie et lissée par une équation polynomiale de troisième degré, valable sur toute la gamme des conditions opératoires utilisées.

Enfin, un séchoir solaire indirect monobloque a été réalisé. L'effet de la disposition du produit sur les différentes claies de la chambre de séchage a été déterminé. Pour réduire au maximum la durée de séchage, il serait plus intéressant d'étaler les cladodes sur les 3 premières claies.

En perspectives il serait intéressant d'étudier la qualité de la poudre de nopal obtenu par opération de séchage solaire. D'étudier les propriétés rhéologiques des cladodes séchées ainsi que ses propriétés sensorielles en l'utilisant dans la formulation de quelques denrées alimentaires. Enfin, d'optimiser la conception du séchoir solaire par ajout d'un déshumidificateur d'air et d'une unité de stockage de chaleur. De modéliser et de simuler le processus de séchage convectif en utilisant les paramètres hydriques obtenus comme support de base.

Références Bibliographiques

Nb : Le référencement bibliographique a été réalisé selon les exigences internes de l'Esiat pour la présentation des manuscrits d'ingénieries et de masters – Année universitaire 2012-2013.

*****

AESS. (2008). Projet sur l'étude de l'énergie solaire de la Tunisie, Advanced Energy Systems Sarl. Sousse, 14p.

Aghrir M. (2005). Isothermes d'adsorption et de désorption des feuilles de Romarin. Communication aux12^{ème} journées internationales de thermiques, Tanger, Maroc, pp 215-218.

Allani G. (2010). Dimensionnement d'un séchoir solaire pour la pêche, l'agriculture et l'industrie. Article disponible sur le site : http://www.sunlifeholding.com/ 16/10/2012.

Alzamora S.M., Tapia M.S., Argaiz A., Welti J. Application of combined methods technologies in minimal process fruits (1993). Food research international, 26, pp 125-130.

Amrouch S., Benaouda N. Système de régulation d'un séchoir solaire pour plantes aromatiques et médicinales (2008). Revues des énergies renouvelables, 08, pp 221-228.

ANME., URS. (2006). Projet Fédéré sur la conception et la réalisation d'un séchoir solaire. Tunis, 50p.

Armida R.F., Cantwell M. Development changes in composition and quality of prickly pear cactus cladodes (1988). Plant food for human nutrition, N° 38, pp 83-93.

Askar A., El Samahy S.K. Chemical composition of prickly pear fruits (1981). Deutshe libensmittelrundshau, N° 77, pp 279-281.

Ayadi M.A., Abdelmaksoud W., Ennouri M., Attia H. Cladodes from Opuntia ficus indica as a source of dietary fiber: Effect on dough characteristics and cake making (2009). Industrial corps and products, 30, pp 40-47.

Benalaya A., Amiri A., Chekirbane A., Nmiri A. (2001). Rayonnement globale et insolation observés en Tunisie. Communication initiale de la Tunisie à la convention cadre des nations unies sur les changements climatiques, pp 1-12.

Benkhelfellah R., El Mokretar S., Miri R., Belamel M. (2005). Séchage des produits agroalimentaires dans un séchoir solaire direct. Communication présentée à la 12 éme journée internationale de thermique, Tanger, Maroc, pp 259-262.

Bennamoun L., Belhamri A. Design and simulation of a solar dryer for agriculture products (2003). Journal of Food engineering, 59, pp 259-266.

Bimbnet JJ., Bonazzi C., Dumouline E. (2002). L'eau en séchage : stockage et réhydratation, l'eau dans les aliments. Edition Tec et Doc, Paris, France, 674 p.

Bonazzi C., Bimbenet J. Séchage des produits alimentaires (2008). Technique de l'ingénieur, Traité agroalimentaire, F3000, pp1-13.

Boudhioua N., Benslimen I., Bahloul N., Kechoo N. Etude par séchage infrarouge de feuilles d'olivier d'origine Tunisienne : Influence du séchage et du blanchiment sur la cinétique de déshydratation et la couleur (2008). Revue des énergies renouvelables, pp 53-59.

Bouroka A. (2012). Etude biochimique de l'adultération de jus de fruit. Rapport de projet de fin d'études ingénieur. Institut national des sciences appliquées et technologies, Tunis, 40p.

Boussalia A. (2010). Contribution a l'étude de séchage solaire de produits agricoles locaux. Mémoire de magister. Université Mentouri Constantine ,127p.

Chalal N. (2007). Etude d'un séchoir solaire fonctionnant en mode direct et indirect. Mémoire de magister. Université Mentouri Constantine, 115p

Charpentier J.C. Evaporation et séchage (1996). Technique de l'ingénieur, Génie des procédés, 2480, pp 4-20.

Charreau A., Cavaille R. Séchage Théorie et pratique (1991). Technique de l'ingénieur, Génie des procédés, 2480, pp 1-23.

Chefftel T., Chefftel H. (1976). Introduction à la biochimie et à la technologie des aliments, Vol1, Techniques et documentation Lavoisier Edition, Genève, 800p.

Communay P.H. (2002). Héliothermique : le gisement solaire, méthode et calculs. Groupe de recherches et d'editions, France, 511p.

Derbal H., Belhamel M., Benazou A., Boulmetafes A. Etude de la déshumidification de l'air pour les applications de séchage dans les régions humides (2008). Revue des énergies renouvelables, pp 135-144.

Desbordes D. (2003). Qualité microbiologique des fruits et légumes : flores, altération, risques sanitaires et prévention. Rapport de recherche bibliographique. DESS Ingénierie documentaire, 47p

Dilip J. Modeling the performance of the reserved absorber with paked bed thermal storage natural convection solar corp dryer (2007). Journal of Food engineering, 78, pp 637-647.

Dudez P. (1999). Le séchage solaire à petite échelle des fruits et légumes : Expériences et procédés. Editions du Gret, France, 160p.

Ferradji A., Chabour H., Malek A. Séchage solaire des figues : Bilan thermique et isotherme de désorption (2011). Revue des energies renouvelables, 14, pp 717-726.

Ferradji A., Goudjal Y. Effet du prétraitement et des conditions de séchage sur la cinétique de déshydratation du raisin de la variété sultanine par un séchoir indirect à convection forcée (2008). Institut agronomique El Harrach, Alger, Algérie, pp 1-5.

Frati M., Gordillo B.E. Hypoglycemic effect of Opuntia in Nddm (1998). Diabetes care, 01, pp 63-66.

Galati E.M. Study on the increment of the production of gastric mucus in rats treated with Opuntia ficus indica (2002). Ethnopharmacol, 83, pp 229-233.

GIfruits. (2008). Le secteur des dattes en Tunisie. Industrie GIfruits. Article présent sur le site : http://www.gifruit.nat.tn/index.php 25/09/2012.

GIPP. (2006). Etude de positionnement de la sardine tunisienne sur le marché international. Groupe interprofessionnel des produits de pèches. Tunis, 49p.

Ghrib F. (2009). Séchage du raisin cinétique et qualité, Mémoire de projet d'ingénieur en génie biologique. Institut national des sciences appliquées et technologies, Tunis, 92p.

Habibi Y. (2004). Contribution à l'étude morphologique ultrastructurale et chimique de la figue de barbarie. Thèse de doctorat en chimie organique. Université Cadi Ayad. 231p.

Hadad P. (2011). Dossier sur les effets du nopal. Passeportsante. Article disponible sur le site : http://www.passeportsante.net/fr/Solutions/PlantesSupplements. 20/09/2012.

Hadj Sadok T., Aid F., Bellal M., Abdul Hussan M.S. Composition chimique des jeunes cladodes d'*Opuntia ficus indica* et possibilité de valorisation alimentaire (2008). Agricultura, 02, pp65-66.

Hassini L. (2000). Transfert couplé de chaleur et de matière lors d'un séchage convectif d'un produit agroalimentaire déformable, Thèse de doctorat en transfert thermique et mécanique des fluides. Faculté des sciences de Tunis, Tunisie, 130p.

Headley O., Hinds W. (1997). Medium scale solar corp Dryers. Technical design review, 7p.

Hermassi I. (2008). Caractérisations thérmophysiques et cinétique de séchage des raisins *sultanine*. Mémoire mastère. Faculté des sciences de Tunis, Tunisie, 91p.

ISO 7218. (2007). Microbiology of food and animal feeding stuff, General requirement and Guidance for microbiological examinations. Switzerland, 64p.

Jannot Y. (2006). Séchage des produits alimentaires tropicaux et caractérisations thérmophysiques. Habilitation à diriger des recherches. Université de Bordeaux I, 118p.

Kbaier Z. (2012). Bilan thermique d'un capteur solaire. Rapport trimestriel de l'équipe qualité et accréditation du centre de recherches et de technologies de l'énergie Laboratoire des procédés thermiques. Centre énergétique Borj Cedria, 15p.

Korkida M. Drying kinetics of some vegetables (2003). Journal of food engineering, 59, pp391-403.

Kouhila M. (2007). Séchage solaire convectif pour la conservation des feuilles de Romarin. Communication aux 13[ème]Journées internationales de Thermiques, Albi, France, pp1-5

Lahsani S., Kouhila M., Mahrouz M., Fliyou M. Moisture adsorption-desorption isotherms of prickly pear cladode (*Opuntia ficus indica*) at different temperatures (2003). Energy conversion and management, 44, pp 923-936.

Lopez R. Drying of prickly pear cactus cladodes (*Opuntia ficus indica*) in a forced convective tunnel (2009). Energy conversion and management, 50, pp 2119-2126.

Mafrat P., (1991), Les procédés physiques de conservation, Edition Lavoisier Tec et Doc, Série Apria, 295p.

Maroulis Z.B., Tsamie., Marinos-Kouris D. Application of the GAB model to the moisture sorption isotherms for dried fruits (1988). Journal of Food engineering, 7, pp 63-78.

McGarvie D., Parodis P.H. The Mucilage of Opuntia ficus indica (1979). Carbohydrate research, 69, pp 171-179.

Medjoudj H. (2003). Etude du comportement au séchage de six légumes : Carottes, courgettes, cardon, pomme de terre, ail et oignon. Mémoire de magister en technologie alimentaire. Université de Mentouri de Constantine, 316p.

Mennouche J. (2006). Valorisation des produits agro-alimentaires et des plantes médicinales par le procédé de séchage solaire. Mémoire de magister. Université Kasdi Merbah Ouargla, 75p.

Mollea C., Chiampo F., Conti R. Analytical methods extraction and characterization of pectins from cocoa husks: A preliminary study (2007). Food chemistry, 107, pp 1353-1356.

Moreau F., Part R. (2008). Extraction et séparation des pigments photosynthétiques, Article disponible sur le site : http://www.snv.jussu.fr 03/02/2013.

Ndir N. (2005). Recherche des conditions optimales de fonctionnement d'un séchoir solaire. Mémoire de Magistère en physique et énergétique. Université Kasdi Merbah Ouargla, 96p

Nefzaoui J., Ben Salem H. Forage fodder and animal's nutrition (2002).Cacti biology and uses, pp.199.

NF-1095-5. (1999). Détermination de la teneur en eau par séchage en étuve ventilée, Paris, France, 11p.

Nindo C., Sun T., Wang S., Tang J., Powers J.R. Evaluation of drying technologies for retention of physical quality and antioxidants in Asparagus (*Asparagus officinalis L.*) (2003). Swiss society of food science and technology, pp 507-516.

Olukyode K. (2012). Ethanol production by yeast fermentation of an Opuntia ficus indica biomass Hydrolysate. Magister Scientiae. University of the Free State South Africa, 157 p.

Ousaid S., Assari K. Fruits et légumes à valoriser (2011), Food magazine, 35, pp30-31.

Pangavhane D.R., Samhney R.L., Sarsavadia P.N. Effect of various dipping pretreatment on drying kinetics of Thompson seedless grapes (1999).Journal of food engineering, 39, pp211-216.

Pharma. (2010). Article sur la composition physico-chimique des fruits : http://www.pharmaciedes4vents.fr .

Rental N., Duran J.M., Fernandez J. Ethanol production by fermentation of fruits and cladodes of prickly pear cactus (Opuntia ficus Indica) (1987). Journal of the science of food agriculture, 40, pp. 213-218.

Sabri A. (2012). Etude de cinétique de séchage des piments dans un séchoir solaire tunnel hybride. Mémoire de magister. Laboratoire des Procédés thermiques, Centre de recherche de Borj Cedria, 80p.

Schweizer M. (1997). Docteur Nopal : Le médecin du bon dieu, Editions APB, France, 81p.

Senhaj R.A., Bimbnet .J. Hakam .B. Quelques données sur le séchage de l'abricot: cinétique de séchage et qualité du produit séché (1991). Sciences des aliments, 2, pp499-512.

Stintzing C. Cactus stems (*Opuntia spp*) (2005). Technology and uses, N° 49, pp 175-194.

Tien K.D., Ly L.V., Dugon N.K., Ogle B. (1993).The prickly pear cactus (*Opuntia*) as supplement for sheep in the phangrang semi-arid area of central region of Vietnam. Seminar workshop on sustainable livestock production on local feed resources. Hanoi, Vietnam, pp 71-74.

Tirilly Y., Bourgeois J.M. (1995). Répertoire général des aliments, INRA éditions, France, 928p.

Van Brakel J. (1980). Mass transfer in convective drying, in advances in drying, Vol 1, AS Mujundar Edition. Hemisphere publishing corporation, Washington, pp 217-267.

Vagenas G.K, Marinos-Kouris D. Drying Kinetics of Apricots (1991). Drying Technology, 9, pp 735-752.

Villarreal F., Rojas P., Arellana V., Moreno J. Etude physico-chimique de six espèces de nopalitos (*Opuntia spp*) (1963). Ciencia Mex, N° 22, pp55-65.

Wolfram R., Budinsky A. Daily prickly pear consumption improves platelet function, Prostaglandins leukot essential fatty acid (2003). MEDLINE, 69, pp 61-66.

Yang, A.P.P. Use of a combination process of dehydration and freeze drying to produce a raisin-type law bush blueberry product **(1987).** Journal of food science, 52, pp1651-1653.

Youcef-Ali Y., Moummi N. Etude expérimentale des séchoirs solaires à plusieurs claies(2008). Revue des énergies renouvelables, pp 273-284.

Annexes

Annexe 1 : Effet des opérations de prétraitement sur la durée de séchage

Test ANOVA : Temps au bout duquel on atteint les 25 % d'humidité en fonction du prétraitement :

Epiderme				
Source	DF	SS		31.20 > 4.96
MS	F	P		P- value <0.05
ep	1	6089		H0 : A rejeté
6089	31,20	0,000		
Error	10	1951		
195				
Total	11	8040		

Epaisseur				
Source	DF	SS		5.40 >4.96
MS	F	P		P- value <0.05
Epaisseur	1	4230		H0 : A rejeté
4230	5,40	0,034		
Error	10	7819		
782				
Total	11	12049		

Durée B				
Source	DF	SS		31.20 > 4.96
MS	F	P		P- value <0.05
Durée B	1	3507		H0 : A rejeté
3507	5,35	0,043		
Error	10	6557		
656				
Total	11	10064		

Sulfitage				
Source	DF	SS		1.03 < 4.96
MS	F	P		P- value >0.05
Sulfitage	1	1952		H0 : A conserver
1952	1,03	0,335		
Error	10	19019		
1902				
Total	11	20971		

Conservation	Source	DF	SS		37.24 > 4.96
	MS	F	P		P- value <0.05
	T° de Co	1	24236		HO : A rejeté
	24236	37,24	0,000		
	Error	10	6507		
	651				
	Total	11	30744		

Comparaison multiples de différentes étapes du prétraitement

Source	DF	SS	MS	12.47 > 2.76
F P				P-value < 0.05
Prétraitement	4	27096	6774	HO : a rejeté
12,47 0,000				
Error	25	13580	543	
Total	29	40676		

Prétraitement	N	Mean			Classement des effets :
Grouping					- Congélation
0,02	6	222,76	A		- Elimination de
1	6	198,06	A B		l'épiderme
5	6	188,57	B		- Blanchiment
sans	6	153,15		C	- Epaisseur
-10	6	140,39		C	- Sulfitage

Means that do not share a letter
are significantly different

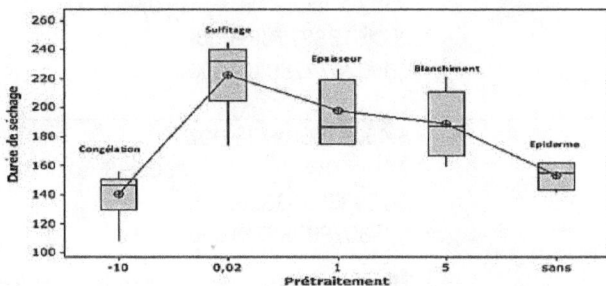

Schéma en Boites à moustaches

Annexe 2: <u>Lissage des Isothermes de désorption</u>

Modèle	Température (°C)	Paramètres	Critère de comparaison		
			R^2	EST	EMR (%)
BET	40	a =8,53287569455E-002 b = 1,59414374330E+001	0,997	0,017	10,20
	50	a = 8,61914886044E-002 b= 1,39124009328E+001	0,995	0,026	15,08
	60	a = 9,20794429482E-002 b= 1,03149419589E+001	0,992	0,034	14,22
	70	a =9,11071071988E-002 b=0,921385893494E+001	0,990	0,032	14,98
GAB	40	a = 7,215041676607E-002 b= 6,632552374942E+000 c= 1,02270784035E+000	0,999	0,0023	4,94
	50	a =6,88161838113E-002 b= 9,87202960305E+000 c= 1,02988848429E+000	0,999	0,006	4,056
	60	a = 5,75657941193E-002 b= 8,357461382778E+000 c= 1,05020747897E+000	0,999	0,0022	4,78
	70	a = 5,45044068972E-002 b= 7,991698796938E+000 c= 1,05807800867E+000	0,998	0,0028	6,08

Teneur en eau d'équilibre (%)	Equation de l'Isostère	Chaleur Isostérique (J/mol)
8	$3731\,x - 9.731$	31021.2503
10	$1563\,x - 3.726$	12995.501
12	$962.6\,x - 2.150$	8003.4992
14	$679.4\,x - 1.435$	5648.84412
15	$586\,x - 1.203$	4872.27356
18	$402.8\,x - 0.759$	3349.06449
20	$328.8\,x - 0.587$	2733.79445

Annexe 3 : Effet du séchage convectif sur le comportement au séchage des cladodes prétraitées

- **Analyse de la couleur**

1-Effet sur l'indice de chromaticité **a***

Estimated Effects and Coefficients for a* (coded units)					
Term	*Effect*	Coef	SE Coef	T	P
Constant		-4,286	0,1480	-28,96	0,001
A	*1,096*	0,548	0,1480	3,70	0,066
B	*-0,361*	-0,181	0,1480	-1,22	0,346
C	*1,289*	0,644	0,1480	4,35	0,049
D	*0,787*	0,393	0,1480	2,66	0,117
E	*-0,984*	-0,492	0,1480	-3,32	0,080

Nb : **A** : élimination épiderme, **B** : épaisseur de coupe, **C** : Durée de blanchiment, **D** : concentration en sulfite, **E** : température de conservation.

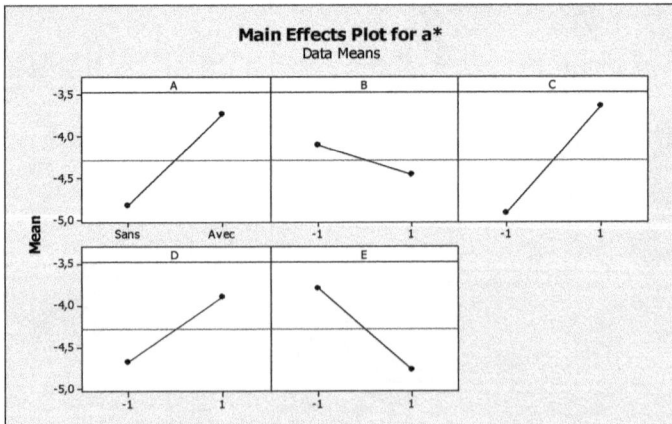

Diagramme des effets principaux de l'indice a*

2- Effet sur l'indice de chromaticité **b***

```
Estimated Effects and Coefficients for b* (coded
                        units)

Term        Effect      Coef   SE Coef         T       P
Constant              29,085    0,1803    161,36   0,000
A           -1,115    -0,557    0,1803     -3,09   0,091
B            1,920     0,960    0,1803      5,33   0,033
C           -7,385    -3,693    0,1803    -20,49   0,002
D           -4,035    -2,017    0,1803    -11,19   0,008
E            6,580     3,290    0,1803     18,25   0,003
```

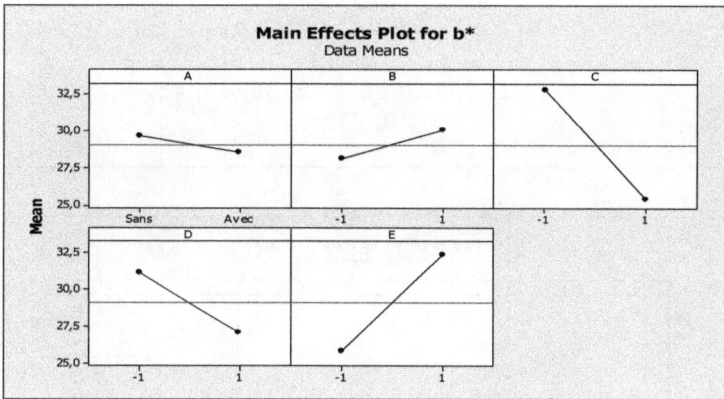

Diagramme des effets principaux de l'indice b*

2- Effet sur l'indice de luminance **L ***

```
      Estimated Effects and Coefficients for L* (coded
                            units)

Source               DF    Seq SS    Adj SS    Adj MS        F
                                                    P
Main Effects          5   84,7481   84,7481   16,9496   33,03
                              0,030
A                     1    5,8996    5,8996    5,8996   11,50
                              0,077
B                     1    0,2485    0,2485    0,2485    0,48
                              0,558
C                     1   10,5570   10,5570   10,5570   20,57
                              0,045
D                     1   22,6801   22,6801   22,6801   44,20
                              0,022
E                     1   45,3628   45,3628   45,3628   88,40
                              0,011
```

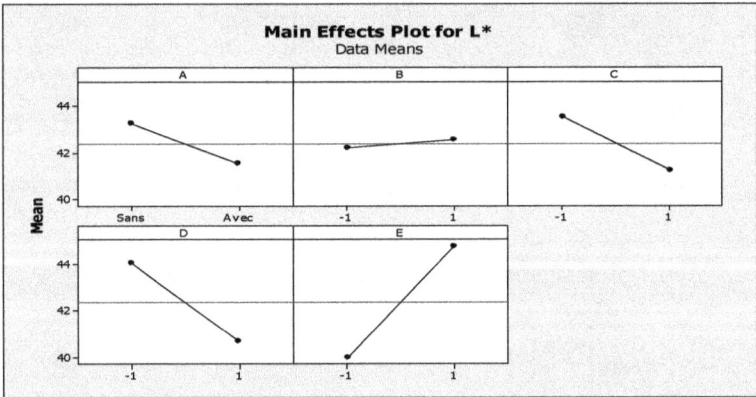

Diagramme des effets principaux de l'indice L*

Comparaison de la couleur des raquettes Témoins et ceux prétraités

L'objectif du prétraitement est d'avoir une bonne conservation de la couleur c'est-à-dire un ΔE* le plus faible. La figue monte le diagramme des effets principaux sur la différence de couleur :

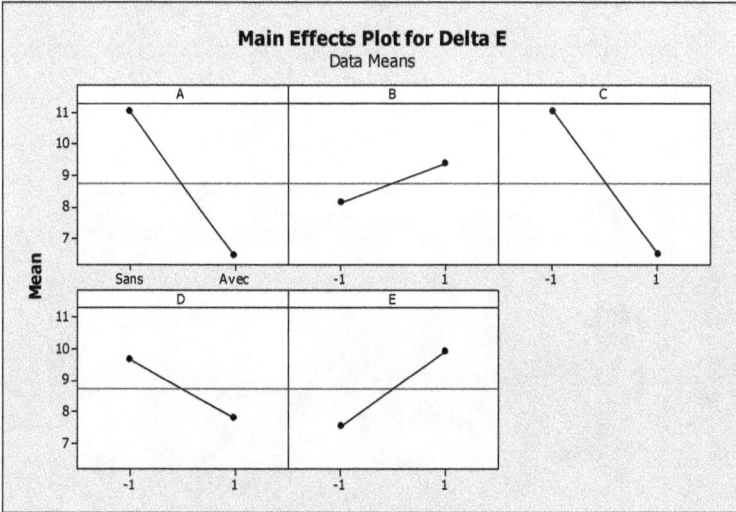

Effet du prétraitement sur la Couleur

- **Analyse du rétrécissement**

Term	Effect	Coef	SE Coef	T	P
Constant		0,296250	0,006731	44,01	0,001
A	**0,077500**	**0,038750**	**0,006731**	**5,76**	**0,029**
B	0,057500	0,028750	0,006731	4,27	0,051
C	0,027500	0,013750	0,006731	2,04	0,178
D	0,002500	0,001250	0,006731	0,19	0,870
E	**0,152500**	**0,076250**	**0,006731**	**11,33**	**0,008**

Nb : **A** : élimination épiderme, **B** : épaisseur de coupe, **C** : Durée de blanchiment, **D** : concentration en sulfite, **E** : température de conservation

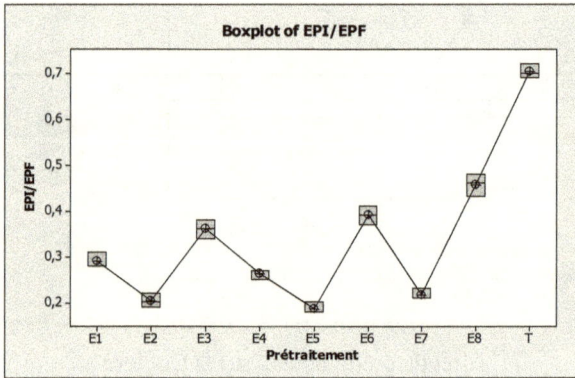

Comparaison du taux de retrait en fonction de la combinaison de prétraitement
(p<0,01)

L'étude de la régression montre qu'il existe une relation significative p =0,04 entre la vitesse de séchage et le phénomène de retrait tel que plus la cinétique de séchage augmente plus l'épaisseur du produit fini est réduite.

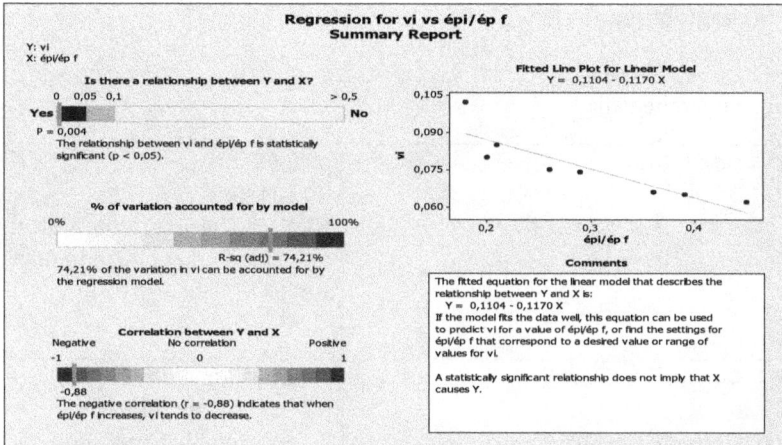

Etude de la relation entre vitesse de séchage et taux de retrait

Annexe 4 : <u>Analyse statistique des résultats microbiologiques</u>

- **Séchage en soufflerie**

1-<u>Effet du prétraitement :</u>

Source	DF	SS	MS	
F	P			p <0.05
A	1	2,4492	2,4492	H0 : à rejeté
165,21	0,006			H1 : il existe un effet significatif du prétraitement sur la FMT
Error	2	0,0297	0,0148	
Total	3	2,4789		

Source	DF	SS	MS	
F	P			P >0.05
A	1	0,0784	0,0784	H0 : ne pas rejeter
4,78	**0,160**			Il ne semble pas que le prétraitement affecte les levures et moisissures.
Error	2	0,0328	0,0164	
Total	3	0,1112		

Source	DF	SS	MS	
F	P			p <0.05
A	1	0,04000	0,04000	H0 : à rejeté
25,00	**0,038**			H1 : il existe un effet significatif du prétraitement sur les coliformes totaux
Error	2	0,00320	0,00160	
Total	3	0,04320		

2-<u>Effet de la température du séchage :</u>

Source	DF	SS	MS	
F	P			P >0.05
A	2	0,3099	0,1550	H0 : ne pas rejeter
7,98	**0,063**			Il ne semble pas que l'augmentation de la température à 1m/s affecte la FMT.
Error	3	0,0582	0,0194	
Total	5	0,3682		

Source	DF	SS	MS	
F	P			P = 0.05
A	2	0,7842	0,3921	H0 : à rejeté
8,83	**0,050**			H1 : il semble que la variation de la température à 1 m/s affecte les LM.
Error	3	0,1329	0,0443	
Total	5	0,9171		

Source DF SS MS	p <0.05
F P A 2 6,6588 3,3294 **90,43 0,002** Error 3 0,1105 0,0368 Total 5 6,7693	**H0 :** à rejeter **H1 :** il semble que la variation de la température à 1 m/s affecte les CT

3-<u>Effet de la vitesse de l'air de séchage :</u>

Source DF SS MS	P >0.05
F P A 2 0,2929 0,1465 **5,95 0,090** Error 3 0,0738 0,0246 Total 5 0,3667	**H0 :** ne pas rejeter Il ne semble pas que l'augmentation de la vitesse de l'air à 60°C n'affecte pas la FMT
Source DF SS MS F P A 2 11,09763 5,54882 **629,36 0,000** Error 3 0,02645 0,00882 Total 5 11,12408	p <0.01 **H0 :** à rejeté **H1 :** il semble que la variation de la vitesse à 60°C affecte les LM
Source DF SS MS F P A 2 0,0000000 0,0000000 * * Error 3 0,0000000 0,0000000 Total 5 0,0000000	**Absence des coliformes totaux** à partir du traitement le plus bas soit 60°c à 1 m/s

Annexe 5 : <u>Dimensionnement du séchoir solaire</u>

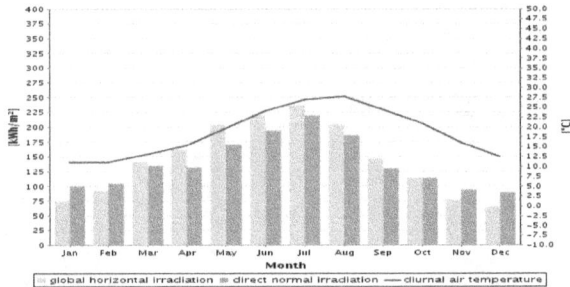

Irradiation solaire pour une année type à L'INSAT

Température Entrée	294,82 (K°)	Température Sortie	333,15 (K°)
Humidité relative Entrée	63,42 (%)	Humidité relative Sortie	8,24 (%)
Humidité absolue Entrée	10,26 (g/kg.as)	Humidité absolue Sortie	16,48 (g/kg.as)
Enthalpie spécifique Entrée	47,58(kJ/kgas)	Enthalpie spécifique Sortie	86,71 (KJ/kg as)
Pouvoir Evaporatoire	12,5	Température Absorbeur	340,68 (K°)

Propriétés physiques du séchoir Solaire

Emissivité de la vitre	0,9
Transmittance de la vitre	0,92
Emissivité de l'absorbeur	0,93
Absorbance de l'absorbeur	0,95
Coefficient Optique	0,89
Echange entre le vent et Vitrage (hw)	26,93

Inclinaison du capteur	30°
Facteur d'inclinaison (C)	496,13
Facteur de Correction (f)	0,506
Facteur de correction (e)	-0,124
N : nombre de couche de vitrage	1
Nombre de Boltzmann	$5,67\ 10^{-8}$ (W/m²K⁴)
Coefficient de déperdition avant	6,13 (W/m²K)
Conductibilité thermique du polyuréthane	0,03 (W/m K)
Epaisseur de polyuréthane	0,05 (m)
Coefficient de déperdition à l'arrière	0,6 (W/m² K)
Coefficient de déperdition Totale estimée	6, 73 (W/m²K)

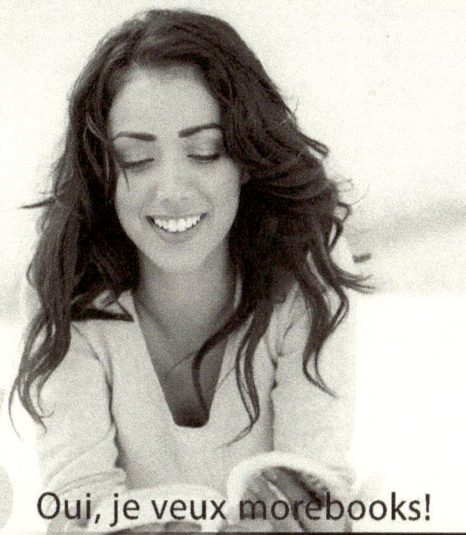

www.ingramcontent.com/pod-product-compliance
Lightning Source LLC
Chambersburg PA
CBHW021108210326
41598CB00016B/1376